Berichte aus dem Institut für Umformtechnik der Universität Stuttgart

Herausgeber:
Prof. em. Dr.-Ing. Dr. h.c. K. Lange

109

Thomas Friedrich Oberländer

Ermittlung der Fließkurven und der Anisotropie-Eigenschaften metallischer Werkstoffe im Rastegaev-Stauchversuch

Mit 91 Abbildungen und 9 Tabellen

Springer-Verlag Berlin Heidelberg GmbH 1990

Dipl.-Ing. Thomas Friedrich Oberländer
Institut für Umformtechnik
Universität Stuttgart

Dr.-Ing. Dr. h. c. Kurt Lange
o. Professor em. an der Universität Stuttgart
Institut für Umformtechnik

D 93

ISBN 978-3-540-53154-8 ISBN 978-3-662-07106-9 (eBook)
DOI 10.1007/978-3-662-07106-9

Ursprünglich erschienen bei Springer-Verlag Berlin Heidelberg New York 1990.

2362/3020—543210

GELEITWORT DES HERAUSGEBERS

Die Umformtechnik zeichnet sich durch sehr gute Werkstoffauswertung und hohe Mengenleistung in der Serienfertigung gegenüber anderen Fertigungsverfahren aus, wobei Beibehaltung der Masse, Änderung der Festigkeitseigenschaften während eines Vorgangs und elastische Rückfederung der Werkstücke nach einem Vorgang wesentliche Merkmale sind. Weiter sind die benötigten Kräfte, Arbeiten und Leistungen sehr viel größer als z.B. bei spanenden Verfahren. Die sichere Beherrschung eines Verfahrens in der industriellen Fertigung und die zunehmende Forderung nach Vermeidung bzw. Minimierung spanender Nacharbeit erzwingen die geschlossene Betrachtung des Systems "Umformende Fertigung" unter zentraler Berücksichtigung plastizitätstheoretischer, werkstoffkundlicher und tribologischer Grundlagen.

Das Institut für Umformtechnik der Universität Stuttgart stellt entsprechend Forschung und Entwicklung zum einen auf die Erarbeitung von Grundlagenwissen in diesen Bereichen ab, zum anderen untersucht und entwickelt es Verfahren unter Anwendung spezieller Meßtechniken mit dem Ziel einer genauen quantitativen Ermittlung des Einflusses der Parameter von Vorgang, Werkstoff, Werkzeug und Maschine. Die Behandlung von Problemen des Maschinenverhaltens, der Maschinenkonstruktion sowie der Werkzeugauslegung und -beanspruchung, der Auswahl hochbeanspruchbarer, verschleißfester Werkzeugbaustoffe und schließlich der Tribologie gehört entsprechend ebenfalls zum Arbeitsgebiet, das durch die Erfassung organisatorischer und betriebswirtschaftlicher Fragen abgerundet wird.

Im Rahmen der "Berichte aus dem Institut für Umformtechnik" erscheinen in zwangloser Folge jährlich mehrere Bände, in denen über einzelne Themen ausführlich berichtet wird. Dabei handelt es sich vornehmlich um Abschlußberichte von Forschungsvorhaben, Dissertationen, aber gelegentlich auch um andere Texte. Diese Berichte sollen den in der Praxis stehenden Ingenieuren und Wissenschaftlern zur Weiterbildung dienen und eine Hilfe bei der Lösung umformtechnischer Aufgaben sein. Für die Studierenden bieten sie die Möglichkeit zur Vertiefung der Kenntnisse. Die seit zwei Jahrzehnten bewährte freundschaftliche Zusammenarbeit mit dem Springer-Verlag sehe ich als beste Voraussetzung für das Gelingen dieses Vorhabens an.

Kurt Lange

Vorwort

Die vorliegende Arbeit entstand während meiner Tätigkeit als wissenschaftlicher Mitarbeiter am Institut für Umformtechnik der Universität Stuttgart.

Herrn o. Prof. em. Dr.-Ing. Dr. h.c. Kurt Lange danke ich für sein Vertrauen und seine wohlwollende Unterstützung bei der Durchführung dieser Arbeit.

Herrn Prof. Dr. rer. nat. Otmar Vöhringer bin ich für die eingehende Durchsicht der Arbeit zu Dank verpflichtet.

Mein Dank gilt ferner Herrn Dr.-Ing. habil. K. Pöhlandt für die Betreuung der Arbeit sowie für die vielen wertvollen Diskussionen und Anregungen. Ebenso danke ich allen Mitarbeiterinnen und Mitarbeitern des Institutes für Umformtechnik, die zum Gelingen dieser Arbeit beigetragen haben.

Weiterhin möchte ich Herrn Dr.-Ing. W. Witzel für seine Anregungen bei der Erfassung von Anisotropie-Eigenschaften und Herrn Klein am Institut für Metallkunde und Metallphysik in Clausthal-Zellerfeld für die Texturuntersuchungen danken.

Die Mittel zur Durchführung dieser Arbeit wurden von der VW-Stiftung zur Verfügung gestellt. Hierfür sei an dieser Stelle ebenfalls gedankt.

Weingarten, im Mai 1990
Thomas Oberländer

Inhaltsverzeichnis Seite

Abkürzungsverzeichnis

Allgemeine Zeichen

A	mm^2	Fläche
A_g	%	Gleichmaßdehnung
C	N/mm^2	Werkstoffkennwert
d	mm	Durchmesser
F	N/mm^2	Kraft
F_E	mm	Ebenheitsabweichung
F_M	mm	Mantelkonturabweichung
F_M'	mm	Wulstvoreilung
F_R	mm	Rundheitsabweichung
HK	N/mm^2	Knoop-Härte
HV	N/mm^2	Vickers-Härte
h	mm	Höhe
k_f	N/mm^2	Fließspannung
k_w	N/mm^2	Umformwiderstand
l	mm	Länge
n		Verfestigungsexponent
P	W	Leistung
R_{zDIN}	µm	gemittelte Rauhtiefe
r		Wert der senkrechten Anisotropie
r	mm	Radius
r_p		kritischer Radius
s	mm	Stauchweg
t	mm	Wulsthöhe
u	mm	Wulstbreite
V	mm^3	Volumen
v	m/s	Geschwindigkeit
α	°	Winkel
ε		Dehnung, örtlicher Umformgrad
$\dot{\varepsilon}$	1/s	Dehnungsgeschwindigkeit
φ		Umformgrad
$\dot{\varphi}$	1/s	Umformgeschwindigkeit
$\dot{\gamma}$	1/s	Schiebungsgeschwindigkeit
μ		Reibungszahl
σ	N/mm^2	Spannung
τ	N/mm^2	Schubspannung
ϑ	°C	Temperatur

Indizes

a	außen
b	Breiten-
g	Gleichmaß-
h	Höhen-
i	innen
id	ideell
K	Kontakt-
max	Maximal-
min	Minimal-
R	Reib-
r	radial
s	Dicken-
v	Vergleichs-
wa	Wachs
Wz	Werkzeug-
z	Axial-
ϑ	Umfangs-

Abkürzungen

OVF	Orientierungsverteilungsfunktion
SR	Strangpreßrichtung des Stabes
DMS	Dehnungsmeßstreifen

0 Zusammenfassung

Die mechanische Beschreibung der Festigkeitseigenschaften wurde bereits in einer Vielzahl von Forschungsarbeiten behandelt; aber die Problematik ist bis heute nicht vollständig gelöst. Problematisch ist es zum einen, die in der Umformtechnik erzielten hohen Umformgrade im Modellversuch zu erfassen, ohne dabei Fehler durch Inhomogenitäten oder Instabilitäten in Kauf nehmen zu müssen. Zum anderen ergibt die kontinuumsmechanisch isotrop homogene Werkstoffmodellierung für viele Vorgänge errechnete Zustände, die vom realen Vorgang abweichen. Ursachen wie die Anisotropie oder der Bauschinger-Effekt können hierbei nicht berücksichtigt werden.

Aus diesem Grunde wurde mit Hilfe des optimierten Rastegaev-Stauchversuches eine neue Variante der Fließkurvenaufnahme untersucht und mit der konventionellen Vorgehensweise verglichen. Ziel der Untersuchung war die homogene Umformung zur Fließkurvenaufnahme bis zu hohen Umformgraden und darüber hinaus die Erfassung der plastischen Anisotropie.

Das Versuchswerkzeug unterscheidet sich von konventionellen Stauchgestellen im wesentlichen durch radial angeordnete Wegaufnehmer, mit denen der Umformgrad frei von der elastischen Auffederung des Werkzeuges gemessen wird; zugleich erfassen diese Wegaufnehmer durch ihre Anordnung die Unrundheit der Probe als Maß für die plastische Anisotropie.

Die Versuche zielen entsprechend auf eine systematische Optimierung der Probengeometrie durch Variation der Breite und Höhe des die Schmiertaschen umschließenden Wulstes sowie des Schlankheitsgrades der Probe ab. Zusätzlich werden tribologische Randbedingungen sowie die Stauchgeschwindigkeit variiert. Kriterien der Optimierung sind vor allem die Mantelkontur sowie die Ebenheit der Stirnflächen der gestauchten Proben, aber auch die dadurch bedingten Auswirkungen auf die Fließkurvenaufnahme. Die Optimierung wurde durch Berechnungen nach der oberen Schranke sowie mit Ergebnissen aus Finite-Elemente-Berechnungen abgerundet.

Die Erkenntnisse aus der Geometrieoptimierung konnten im zweiten Schritt dazu benutzt werden, um Werkstoffe mit ausgeprägtem anisotropem Verhalten homogen zu stauchen. Diese Untersuchungen an Magnesium, Zink und Titan geben einen Einblick in die

Zusammenhänge von Textur, Gefügeentwicklung und plastischer Anisotropie hexagonaler Metalle. Der Wert der senkrechten Anisotropie r wird in Anlehnung an den Flachzugversuch bestimmt und mit Fließortkurven aus Knoop-Härtemessungen verglichen.

Die Ergebnisse zeigen eine zum Teil sehr ausgeprägte Anisotropie dieser Werkstoffe, die sich jedoch durch die Ausbildung einer Stauchtextur mit zunehmendem Umformgrad abschwächt. Im Hinblick auf Fertigungsverfahren der Umformtechnik bietet sich die Möglichkeit einer Reduzierung der erforderlichen Umformkraft sowie einer Erhöhung der erreichbaren Umformgrade durch Änderung der Belastungsrichtung, wobei bereits Winkeländerungen von 45° aufgrund neuer verfügbarer Gleitsysteme eine erhebliche Kraftreduzierung bedeuten können.

1 Einleitung

Der Zylinderstauchversuch ist ein in der Umformtechnik häufig angewandtes Werkstoffprüfverfahren. Seine wesentlichen Vorteile sind die einfache Probenherstellung, die Möglichkeit, Stauchversuche in standardisierten Werkzeugen mit konventionellen Umformmaschinen durchzuführen, sowie die direkte Umrechnung von Höhenabnahme und Stauchkraft in Fließspannung und Umformgrad. Ebenso können mit diesem Modellversuch die bei der Massivumformung erzielbaren hohen Umformgrade gut wiedergegeben werden. Hierbei müssen jedoch infolge der Reibungsbehinderung große Meßunsicherheiten in Kauf genommen werden. Üblicherweise werden deshalb Stauchproben lediglich bis zu ihrer halben Ausgangshöhe gestaucht, was einem Umformgrad von $\varphi_V = 0{,}7$ entspricht. Wünschenswert wäre mindestens eine Verdoppelung dieses Wertes.

Zur Erhöhung des Meßbereiches sind reibungsmindernde Maßnahmen erforderlich. Diese sind aber aufwendig umzusetzen und erfordern eine mehrmalige Unterbrechung des Stauchvorganges, um den Schmierfilm zu erneuern und um gegebenenfalls die zylindrische Probenform wieder herzustellen. Im Hinblick auf eine einfache Versuchsdurchführung und eine Versuchsauswertung bis zu hohen Umformgraden wurde die Stauchprobe mit Schmiertaschen nach Rastegaev vielfach empfohlen. Die Angaben für die geometrische Gestaltung dieser Schmiertasche weichen jedoch stark von einander ab, so daß es zunächst erforderlich ist, die Probenabmessungen für eine homogene Umformung zu optimieren und die Einflüsse der Schmiertasche unter Berücksichtigung der tribologischen Randbedingung auf die ermittelte Fließkurve zu untersuchen. Da die größte Meßunsicherheit durch Inhomogenitäten im Schmiertaschenbereich zu erwarten ist, bietet die Durchmessermessung in der Mittelebene der Probe hierfür die höchste Genauigkeit. Die verbesserte Genauigkeit sowie der erweiterte Meßbereich sind vorrangige Ziele im Hinblick auf praktische Anwendungen.

Basierend auf der Kontinuumsmechanik können heute sehr komplexe Umformvorgänge mit Großrechenanlagen simuliert werden. Bei der Berechnung von Werkstofffluß und Werkzeugbelastung mit diesen numerischen Verfahren hängt die Qualität des Ergebnisses ganz wesentlich von der Beschreibung der plastischen Eigenschaften eines Werkstoffes ab. Hierfür ist eine hohe Genauigkeit der

Fließkurve in weiten Grenzen unter Einbezug der Richtungsabhängigkeit gefordert, da nur wenige metallische Werkstoffe ein homogen isotropes Verhalten aufzeigen.

Anisotropie ist durch die Vorzugsorientierung der Kristalle verursacht. Sie wirkt sich auf die Lage der Fließspannung in Abhängigkeit von der Belastungsrichtung aus. Bei freier Umformung wird eine anisotrope Verformung des Werkstückes sichtbar. Bei gebundener Umformung kann anisotrope Verfestigung zu einer asymmetrischen Werkzeugbelastung führen. Sind die Reibungseinflüsse beim Stauchen unterdrückt, so kann aus der Unrundheit einer Zylinderprobe auf die Anisotropie des Werkstoffes geschlossen werden. Für die kontinuierliche Rundheitsmessung eignen sich radial angeordnete Wegaufnehmer. Als Meßgröße dient der r-Wert. Durch den Vergleich der so ermittelten Werte mit röntgenographischen Texturuntersuchungen wie auch mit den aus Härtemessungen bestimmten Fließortkurven kann die Zuverlässigkeit der Ergebnisse beurteilt werden.

2 Stand der Kenntnisse

2.1 Prüfverfahren zur Fließkurvenaufnahme

2.1.1 Allgemeines

Die Fließkurve beschreibt die Fließspannung in Abhängigkeit vom Umformgrad. Voraussetzung für ihre Bestimmung ist ein überschaubarer Spannungszustand und eine möglichst homogene Umformung.

Um bei einem Umformvorgang plastisches Fließen des Werkstückes in der Umformzone einzuleiten, bzw. aufrecht zu erhalten, müssen die tatsächlich wirkenden Spannungen eine bestimmte charakteristische Größe erreichen. Bei der Ermittlung von Werkstoffkennwerten in der Umformtechnik ist es deshalb üblich, die wirkende Kraft auf die tatsächliche Fläche zu beziehen. Die Spannung

$$k_f = \frac{F}{A} \tag{1}$$

heißt im Bereich des plastischen Fließens Fließspannung. Zur Beschreibung der Fließkurve wird sie über dem Umformgrad φ aufgetragen. Die Definition des Umformgrades sei am Beispiel des einachsigen Zugversuchs erläutert. Bezieht man die Längenänderung dl auf die augenblickliche Länge l, so ergibt sich:

$$d\varphi = \frac{dl}{l} \tag{2}$$

Den Umformgrad φ erhält man durch integrieren von Gl. (2) über dem Umformweg.

$$\varphi = \int_{l_0}^{l_1} \frac{dl}{l} = \ln \frac{l_1}{l_0} \quad . \tag{3}$$

Die Übertragung der Fließspannung von einachsigen auf mehrachsige Spannungszustände ist durch die Fließbedingung nach Tresca oder von Mises möglich. Es wird eine Vergleichsspannung σ_V errechnet, die bei einem Vergleichsumformgrad φ_V mit der Fließspannung k_f verglichen wird.

Nach Tresca wird die Vergleichsspannung aus maximaler und minimaler Spannung berechnet, entsprechend gilt:

$$\varphi_V = \varphi_{max} \tag{4}$$

$$\sigma_v = \sigma_{max} - \sigma_{min} \qquad (5)$$

Von Mises berücksichtigt die Mehrachsigkeit der Spannungen und Formänderungen. Unter der Voraussetzung, daß $d\varphi_1 : d\varphi_2 : d\varphi_3$ während der Umformung konstant bleibt, gilt:

$$\varphi_v = \sqrt{\frac{2}{3} (\varphi_1^2 + \varphi_2^2 + \varphi_3^2)} \qquad (6)$$

$$\sigma_v = \sqrt{\frac{1}{2} [(\sigma_1 - \sigma_2)^2 + (\sigma_2 - \sigma_3)^2 + (\sigma_3 - \sigma_1)^2]} \qquad (7)$$

Nach [1] sind die nach v. Mises berechneten Vergleichsspannungen teilweise höher als bei Tresca. Für homogene Zug- und Druckumformung fallen die Ergebnisse beider Hypothesen zusammen.

Zur Bestimmung der Fließkurve dienen vor allem drei Grundversuche: Zugversuch, Torsionsversuch und Stauchversuch. Die Vielfalt der möglichen Aufnahmeverfahren wird hauptsächlich durch die Forderung nach exakter Reproduzierbarkeit der Spannungs- und Bewegungsverhältnisse in der Umformzone eingeschränkt. Eine weitere Forderung betrifft die Fließkurvenaufnahme bis zu möglichst hohen Umformgraden. Die Fließkurve soll weiterhin in einem möglichst großen Temperatur- und Geschwindigkeitsbereich ermittelt werden können. Der Aufwand für die Probenherstellung und die Meßdatenverarbeitung sollte gering sein.

2.1.2 <u>Zugversuch</u>

Der Zugversuch ist die Grundlage zur Beschreibung der mechanischen Werkstoffeigenschaften. Für massive und flache Proben ist er in DIN 50 125 [2], 50 145 [3] und 50 114 [4] genormt. Für die Massivumformung werden meist Rundproben mit Gewindeköpfen nach DIN 50 125 verwendet. Die Probenherstellung ist vergleichsweise aufwendig.

Zugprüfmaschinen sind in DIN 51 221 [5] genormt. Sie haben im allgemeinen hydraulische Antriebe und arbeiten mit konstanter Stößelgeschwindigkeit. Die Umformgeschwindigkeiten sind im Vergleich zu denen bei technischer Massivumformung gering. Um Spannungen und Formänderungen für homogene Umformung zu bestimmen, ist die Meßlänge kleiner als der Abstand der Spannköpfe festgelegt.

Die Versuchsauswertung nach DIN 50 145 [3] ist bis zur Gleichmaßdehnung A_g möglich. Der Vorteil des Zugversuches ist die einfache Umrechnung der Dehnungen und der Zugkraft in Umformgrad und Fließspannung ohne Zuhilfenahme eines Fließkriteriums. Weiterhin ist dieser Vorgang unbeeinflußt von Reibungseffekten. Der große Nachteil ist, daß schon bei relativ kleinen Umformgraden eine örtliche Einschnürung eintritt und damit eine Grenze für die direkte Auswertung erreicht ist. Für viele metallische Werkstoffe gilt nach [6]

$$\varphi_g = \ln\,(1+A_g) \approx 0{,}1\ldots0{,}3 \qquad (8)$$

Zur Ermittlung der Fließkurve im Zugversuch über den Bereich der Gleichmaßdehnung hinaus sind verschiedene Wege möglich. Siebel und Schwaigerer [7] berechnen die Fließkurvenwerte aus dem Probenradius im Einschnürbereich und dem Krümmungsradius der Einschnürung. Voraussetzung ist, daß die Probe auch im Einschnürbereich ihren kreisförmigen Querschnitt beibehält. Fehlermöglichkeit ist bei diesen Verfahren der rasche Anstieg der lokalen Umformgeschwindigkeit in der Einschnürstelle. Mit diesem Verfahren werden im Zugversuch Umformgrade bis $\varphi_v \approx 1{,}0$ erreicht.

Ein vereinfachtes Auswerteverfahren ist in [8] beschrieben.

Mit vorverformten Werkstoffen können besonders im Flachzugversuch Fließkurven bis zu hohen Umformgraden bestimmt werden [9-12] (Bild 1). Nach Krause [13] lassen sich auf diese Art mit Flachzugproben aus vorgewalztem Blech Fließkurven bis zu Umformgraden von $\varphi_v \approx 2{,}0$ ermitteln. Voraussetzung ist ein breitungsfreies Walzen. Für Stahl X 10 CrNiTi 18 9, vorverfestigtes Kupfer E-Cu und Aluminium Al 99,5 wurde die Fließkurve durch Auftragen von $R_{p0,2}$ in Abhängigkeit von der Formänderung ermittelt.

Für Werkstoffe, deren Fließkurvenverlauf in doppeltlogarithmischer Darstellung eine Gerade beschreibt, gilt die Beziehung

$$k_f = C\,\varphi^n \qquad (9)$$

In Anlehnung an die von Nadai [14] bzw. von Hollomon [15] vereinfachte Ludwik-Gleichung [16] hat Reihle [17] ein Verfahren vorgestellt, mit dem aus der Zugfestigkeit R_m und der Gleichmaßdehnung A_g die Fließkurve berechnet werden kann. Diese Methode

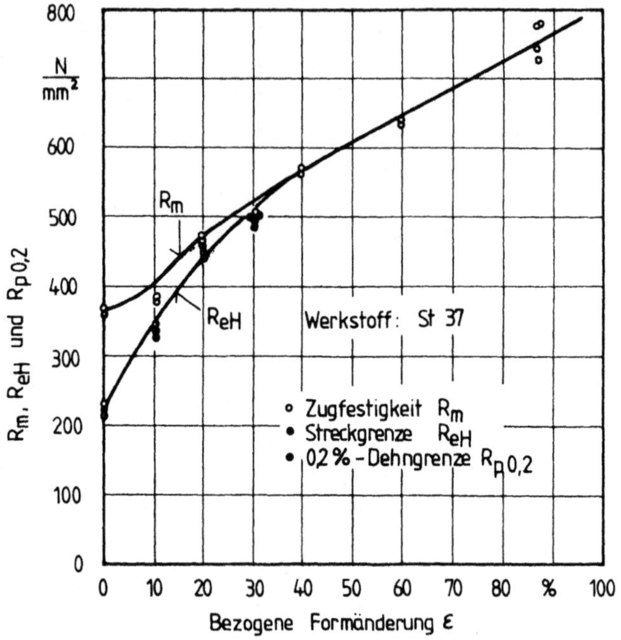

Bild 1: Fließkurvenermittlung im Zugversuch mit vorgewalzten Zugproben [13].

ist für un- und niedriglegierte Stähle anwendbar. Für Tiefziehblech hat Reihle eine gute Übereinstimmung bis zu Umformgraden von $\varphi_v = 1{,}0$ festgestellt. Gemessene Fließkurven hatten gegenüber den extrapolierten maximale Abweichungen von ± 5%. Pries [18] stellt fest, daß mit dem Approximationsansatz nach Swift [19]

$$k_f = C\,(\varphi + \varphi_c)^{\varkappa} \qquad (10)$$

der Fehler im Auswertebereich des Zugversuches bis $\varphi = 0{,}3$ minimal wird und belegt dies für 16 Werkstoffe für die Blech- bzw. Massivumformung. Küppers und Schmidt [20] legten jedoch klar, daß der Verlauf des Verfestigungsexponenten in Abhängigkeit vom Umformgrad für verschiedene Werkstoffe nur schwierig mit einem Modell beschrieben werden kann (Bild 2). Deshalb ist eine direkte Messung der Fließspannung bis zu großen Umformgraden vorzuziehen.

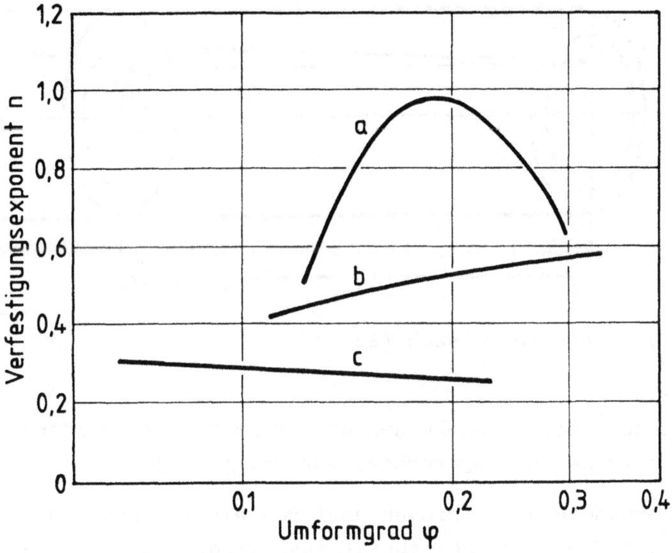

Bild 2: Verlauf des n-Wertes in Abhängigkeit vom Umformgrad [20]. a.) X5 CrNi 18 7 b.) X5 CrNi 18 9 c.) St 14 05.

2.1.3 Torsionsversuch

Der Torsionsversuch ist weniger gebräuchlich als der Zugversuch und bislang nicht genormt. Die Anwendung dieses Versuches zur Fließkurvenaufnahme wurde früher dadurch erschwert, daß die erforderliche, spezielle Versuchseinrichtung zunächst gebaut werden mußte. Heute sind Torsionsprüfmaschinen im Handel käuflich. Der Versuch ist reibungsfrei und ermöglicht eine Fließkurvenaufnahme bis zu hohen Umformgraden [6].

Die kreiszylindrische Probe [21] wird durch eine um ihre Achse wirkendes Moment verdrillt (Bild 3). Aus dem gemessenen Verdrehwinkel und Drehmoment können Schiebung und Schubspannung an der Mantelfläche berechnet werden.

Für unterschiedliche Verläufe der Fließkurve besitzt die Schubspannung bei gegebenem Drehmoment in Vollproben an der Stelle $r_p \approx 3/4 \cdot r_a$ denselben Wert [22]. Gräber [23] berechnet den "kritischen Radius" r_p auch für Hohlproben unterschiedlicher

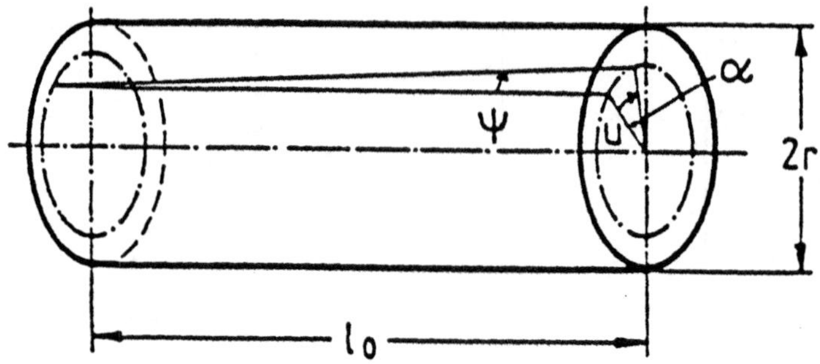

Bild 3: Torsionsversuch [6].

Wanddicke. Die Schiebungen an der Mantelfläche können auf den kritischen Radius umgerechnet werden. [6,23].

Bei dünnwandigen Hohlproben darf von einer homogenen Umformung in verbleibendem Rohrquerschnitt ausgegangen werden. Dabei erhöht sich aber die Gefahr einer Verwölbung. Der erreichbare Umformgrad wird reduziert. Durch Verkürzung der Probenlänge kann dieser Effekt unterdrückt werden. Mit abnehmender Länge muß jedoch die Verformung am Übergang vom Spannkopf zum zylindrischen Teil genauer berücksichtigt werden. In [21] wird die an der Verformung beteiligte Länge als "wirksame Länge" bezeichnet.

Bei der Berechnung der Fließspannung muß demnach die Probengeometrie durch die "wirksame Länge" und mit Korrekturfunktionen korrigiert werden. Nach [6,23] ist die daraus resultierende Meßunsicherheit gering im Vergleich zur Unsicherheit des Fließkriteriums. Diese ließe sich jedoch durch Angabe der Schubfließgrenze anstelle der Fließspannung umgehen.

Der Torsionsversuch zeichnet sich durch Reibungsfreiheit und Konstanz der betrachteten Querschnitte aus. Die Umformgeschwindigkeit ist mit gleichbleibender Drehzahl einfach konstant zu halten. Damit eignet sich dieser Versuch besonders für die Warmumformung. Die Umrechnung von Drehwinkel und Moment auf die Fließkurve erfordert einen großen Aufwand und ist mit der erwähnten Unsicherheit des Fließkriteriums behaftet.

2.1.4 Stauchversuch

Da das Umformvermögen von Metallen im allgemeinen bei Druckbeanspruchung größer als bei Zugbeanspruchung ist, werden im Stauchversuch größere Umformgrade als im Zugversuch erreicht [6]. Für die Umformung können konventionelle Umformmaschinen [24-26] in bestimmten Bereichen eingesetzt werden. Für Stauchvorgänge mit konstanter Umformgeschwindigkeit sind jedoch Sondermaschinen [27] oder besondere Steuerungen [28] erforderlich.

Beim herkömmlichen Zylinderstauchversuch wird eine kreiszylindrische Probe der Anfangshöhe h_0 zwischen ebenen parallelen Bahnen gestaucht (Bild 4). Hierbei werden Kraft und Stauchweg gemessen.

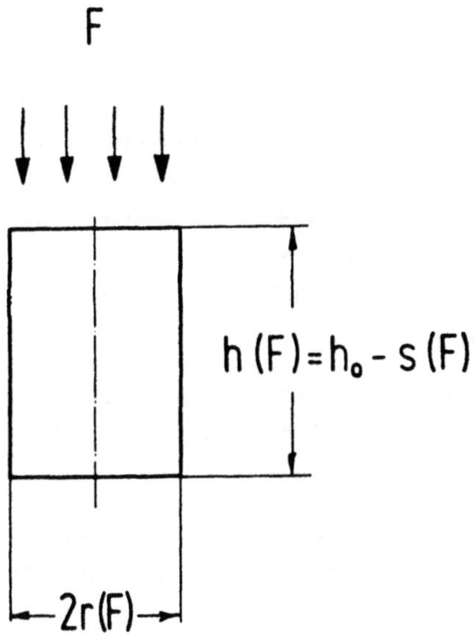

Bild 4: Zylinderstauchversuch [6].

Für den Umformgrad gilt unter Vernachlässigung von Korrekturen nach dem Tresca-Fließkriterium [2.1]:

$$\varphi = \ln \frac{h_0 - s(F)}{h_0} \tag{11}$$

Da die Probenhöhe mit zunehmendem Stauchweg s abnimmt, wird φ negativ. Für die Fließspannung k_f wird als Näherung geschrieben:

$$k_f = \frac{F}{\pi\, r(F)^2} \tag{12}$$

Hierin ist r(F) der Probenradius bei der Kraft F. Unter Annahme homogener Umformung sowie von Volumenkonstanz kann die Fließspannung in Abhängigkeit vom Stauchweg beschrieben werden:

$$k_f = \frac{F\,(h_0 - s(F))}{\pi\, r_0^2\, h_0} \tag{13}$$

Somit lassen sich aus der gemessenen Kraft-Weg-Kurve F(s) der Umformgrad φ und die Fließspannung k_f berechnen, so daß die Fließkurve k_f (φ) eindeutig bestimmt ist. Dabei geht die gemessene Kraft F lediglich in die Fließspannung ein, während die Höhenabnahme s sowohl in den Umformgrad als auch in die Fließspannung einfließt. Daher wirken sich Meßfehler bei der Höhenabnahme stärker auf die berechnete Fließkurve aus als Fehler der Kraftmessung, zumal die Probenhöhe mit wachsendem Betrag des Umformgrades exponentiell abnimmt [1].

Beim Stauchen stören vor allem Fehler, die im Bereich hoher Beträge des Umformgrades wesentlich sind. Dies gilt z. B. für die Reibung. Diese wirkt sich zweifach aus [1,6]:

1. Sie macht eine zusätzliche Kraft zum Erreichen eines gegebenen Umformgrades erforderlich. Statt Gl. (12) gilt die Beziehung [9]:

$$\frac{F}{\pi\, r(\varphi)^2} = k_f \left(1 + \frac{2 \cdot \mu\, r(\varphi)}{3\, h(\varphi)} \right) \tag{14}$$

Hierin ist μ die Reibungszahl. Die linke Seite wird als Umformwiderstand k_w (φ) bezeichnet:

$$k_w = \frac{F\,(\varphi)}{\pi\, r(\varphi)^2} \tag{15}$$

2. Die Reibung behindert die radiale Ausbreitung der Probe, so daß es zu einer tonnenförmigen Aufwölbung kommt [29-34]. Die Ausbauchung kann zwar in Abhängigkeit von den tribologischen Randbedingungen berechnet werden [33-38]. Zur Umrechnung auf einachsige Formänderung muß aber die Kontur der Probe ausgemessen werden [30], wodurch eine zusätzliche Meßunsicherheit in das Ergebnis eingeht, wie auch die Unsicherheit des Fließkriteriums [39]. Die Aufwölbung der Probe kann soweit führen, daß sich Teile der Mantelfläche an die Stauchbahnen anlegen. Dann ist eine sinnvolle Versuchsauswertung kaum noch möglich. Von einem Stauchversuch im engeren Sinne kann nur die Rede sein, wenn die Axialspannung betragsmäßig groß ist gegenüber allen anderen Komponenten des Spannungstensors [40].

Polakowski [41] wies jedoch im Experiment nach, daß beim Stauchen schlanker Proben mit kleinen Umformgraden eine hohe Reibungsbehinderung den gemessenen Umformwiderstand sogar reduziert (Bild 5). Er begründet dies damit, daß mit der Ausbauchung Längsspannungen entstehen, die in den äußeren Schichten Biegungen hervorrufen. Die Werkstoffasern knicken aus, wodurch sich die erforderliche Spannung gegenüber dem homogenen Fall reduziert.

Für große Umformgrade überwiegt aber die Reibungsbehinderung und führt zu höheren Stauchkräften als im homogenen Fall. Für diesen Bereich findet Gl. (14) Anwendung. Nach Herbertz und Wiegels [42-45] wird dieser Verlauf bestätigt. Bei Proben mit einem Schlankheitsgrad h_o/d_o = 1,5 und Haftreibung beträgt die Krafterniedrigung bei kleinen Umformgraden etwa 5%, im Vergleich zu 8% bei [41]. Es wird auch hier bei großen Umformgraden ein starker reibungsbedingter Kraftanstieg ermittelt, der umso später einsetzt, je größer der Ausgangsschlankheitsgrad gewählt wird. In [42] wird deshalb empfohlen, beim Stauchen den Mindestschlankheitsgrad h/d = 0,5 nicht zu unterschreiten.

Der Zylinderstauchversuch ist als Verfahren zur Fließkurvenaufnahme nicht in der DIN genormt. Einige Hinweise für dessen Durchführung findet man zwar in der DIN 50 106 [46] und der VDI-Richtlinie 3200 [47]. Aber nur im Stahl-Eisen Prüfblatt 1123 [48] wird detailliert eine vereinheitlichte Fließkurvenaufnahme im Stauchversuch vorgeschlagen. Weitere Hinweise sowie die Stauchfließkurven zahlreicher Werkstoffe finden sich in [49-55].

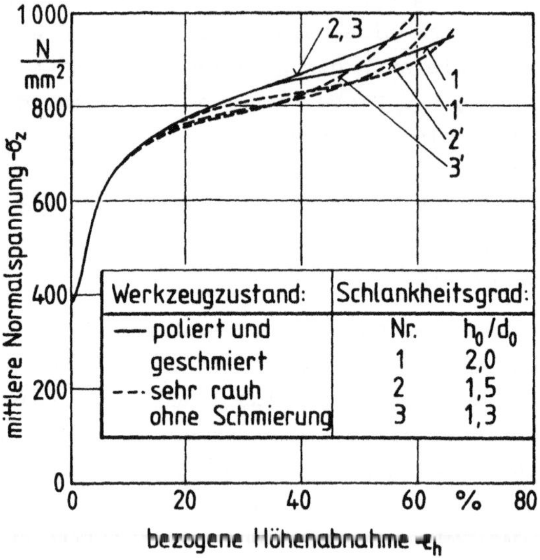

Bild 5: Einfluß von Reibung und Schlankheitsgrad auf die mittlere Normalspannung beim Zylinderstauchen [41].

Für eine möglichst genaue Fließkurvenaufnahme wird der einachsige Spannungszustand angestrebt. Die Werkzeuge sollen deshalb plangeschliffen und hochglanzpoliert, die Proben feingedreht und geschmiert sein. Als Schmierstoffe werden Teflonfolie, Teflonspray, MoS_2-Paste, Seife, Wachs oder Öle mit EP-Zusätzen empfohlen. Die Ausgangsabmessung sollte einen Schlankheitsgrad l_0/d_0 von mindestens 1,5 [48] aufweisen, um die Reibung gering zu halten. Sie sollte jedoch auch nicht über 2 liegen, da sonst besonders bei geschmierten Proben die Gefahr des Ausknickens erhöht wird.

Um Fehler durch Reibung niedrig zu halten, wird nur bis zu einer Höhenabnahme von 50% ausgewertet. Für größere Umformgrade wird im allgemeinen in mehreren Stufen gestaucht. Hierbei muß die Probe zwischen zwei aufeinanderfolgenden Stauchstufen abgedreht und neu geschmiert werden [40,41].

2.1.5 Varianten des Zylinderstauchversuches

Die meisten im Schrifttum beschriebenen Ausführungsformen des Stauchversuches dienen dazu, die Reibung zu unterdrücken bzw. bei der Versuchsauswertung rechnerisch zu eliminieren [6,56].

Die Extrapolationsmethode [13,57,58] empfiehlt, Proben unterschiedlicher Schlankheitsgrade zu stauchen und die gemessenen Werte auf den Schlankheitsgrad $l_0/d_0 \rightarrow \infty$ zu extrapolieren. Bei einer derartigen Probengestalt würde der Reibungsanteil zu Null, damit nimmt entsprechend Gl. (14) und (15) der berechnete Umformwiderstand für $l_0/d_0 \rightarrow \infty$ den Wert der Fließspannung an. Ist eine ausreichende Schmierung sichergestellt, so genügt es, zwei Proben unterschiedlichen Schlankheitsgrades zu stauchen. Als Schmierstoff wird Teflonfolie empfohlen, die während des Versuches mehrmals erneuert werden sollte [52].

Der Zylinderstauchversuch mit Haftreibung [41,42,59] ergibt Fließkurven, die von solchen mit sehr guter Schmierung nur geringfügig abweichen, solange das Verhältnis h/d der Proben größer 0,5 ist. Die Fließspannung und der Umformgrad werden formal wie beim homogenen Stauchversuch berechnet. Haftreibung wird durch rauh gedrehte Stauchbahnen und ungeschmierte Proben erzielt. Um entsprechend große Formänderungen erfassen zu können, werden schlanke Proben mit einem h_0/d_0-Verhältnis bis 3,0 gestaucht.

Beim Stauchen mit konventioneller Schmierung werden üblicherweise Proben mit glatten Stirnflächen sowie polierte Werkzeuge verwendet. In [59] wird eine werkzeugseitige Schmierung mit Teflonspray in Verbindung mit MoS_2-Paste an den feingedrehten Stauchproben empfohlen. Nach [60] ist Teflonfolie ein geeignetes Mittel zur Reibungsminderung. Vergleichsmessungen von [56,61] konnten diese Aussage jedoch nicht bestätigen, sondern ergaben einen metallisch blanken Kreisring am Rand der Stirnfläche bei $\varphi_v = 0{,}7$, der die Ausbauchung der Probe bewirkte. Ursache war das Abscheren der Folie am Probenrand in Verbindung mit unzureichender Oberflächenvergrößerung der Trennschicht.

Beim <u>Kegelstauchversuch</u> nach [9] sind die Stauchbahnen kegelförmig ausgebildet. Der Kegelwinkel ist so ausgelegt, daß die radiale Komponente der Normalspannung bei Versuchsbeginn betragsmäßig der Reibschubspannung entspricht. Daraus resultiert - aber nur momentan - eine homogene Mantelkontur der Probe. Bei optimaler Schmierung beträgt der Kegelwinkel 3°[30]. Nach Härtemessungen [29] ergibt diese Variante des Stauchversuches einen Formänderungsgradienten in radialer Richtung, der mit zunehmender Umformung immer ausgeprägter wird, da die Bereiche in Probenmitte größere Höhenabnahmen erfahren als die Randbereiche. Diese Inhomogenität wirkt sich jedoch nicht in vollem Maße auf die ermittelte Fließkurve aus, weil mit zunehmender Umformung die Steigung der Fließkurve $dk_f/d\varphi$ abnimmt. Berücksichtigt man die mittlere Formänderung an der Stelle $r = 2/3 \cdot r_a$, so bleibt der Fehler dk_f unter 5% [62]. Eigenen Berechnungen zufolge gilt dies jedoch nur für Werkstoffe mit geringer Verfestigung. Bei den Versuchen müssen die Proben sehr genau eingespannt werden, um Außermittigkeiten zu vermeiden [40].

2.1.7 Der Zylinderstauchversuch nach Rastegaev

Der Zylinderstauchversuch nach Rastegaev [63] ist durch stirnseitige Schmiertaschen an den Proben gekennzeichnet, in welche bei Raumtemperatur z. B. Paraffin eingefüllt wird (Bild 6). Das Paraffin bildet in der Schmiertasche unter dem bei der Umformung erforderlichen hohen axialen Druck ein hydrostatisches Druckpolster aus. Dieses übt eine radiale Kraft auf die Innenseite des Wulstes aus, die der Reibkraft entgegengerichtet ist. Bei optimaler Dimensionierung der Schmiertasche sind beide Kraftkomponenten betragsmäßig gleich. Damit erreicht man eine homogene Umformung der Stauchprobe. Weiterhin wird aus der Schmiertasche Schmierstoff in den Spalt zwischen Wulststirnfläche und Stauchbahn gepreßt, so daß dieser Bereich zusätzlich geschmiert wird [64].

Es sind also drei verschiedene Wirkungsweisen, die zur Reduzierung der Reibungseinflüsse beitragen:

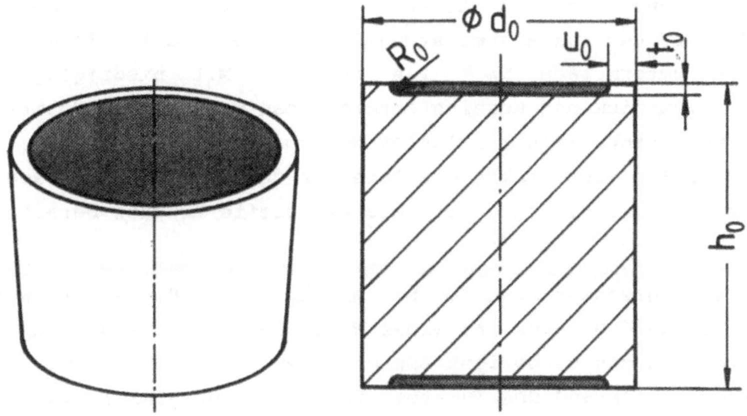

Bild 6: Modifizierte Zylinderstauchprobe nach Rastegaev [63].

- Verminderung der reibungsbehinderten Flächenanteile;
- Radialer Innendruck auf den Wulst;
- Verbesserte Schmierung im Kontaktbereich.

Homogene Umformung liegt dann vor, wenn die auf den Innenrand des Wulstes wirkenden Radialkräfte im Betrag den Reibkräften an der Stirnfläche des Wulstes entsprechen [65].

Da sowohl die Radialkräfte als auch die Reibkräfte proportional zur Stauchkraft sind, kann die optimale Höhe des Wulstes in Abhängigkeit von der Reibungszahl berechnet werden.

Nach Krokha [66] ist die Umformung sehr genau homogen, wenn die Höhe des Wulstes in einem bestimmten Verhältnis zu dessen Breite steht.

$$t_0 = 2{,}3 \cdot u_0 \mu^{1{,}4}$$ μ : Poisson - Koeffizient (Querkontraktionszahl)

Die Breite des Wulstes betrug $u_0 \approx 0{,}5 \div 0{,}8$ mm. Für Werkstoffe mit $\mu \approx 0{,}3$ ergibt die obige Beziehung eine optimale Wulsthöhe $t_0 \approx 0{,}21...0{,}34$ mm.

Wenn Probestücke mit optimalen Abmessungen der Ränder hergestellt werden, kann man eine homogene Stauchung bis zu Umformgraden $\varphi_v = 1{,}2 \div 1{,}4$ erreichen. Zur Erzielung sehr hoher Umformgrade wurde in zwei Stufen gestaucht. Die Proben sind hierfür möglichst schlank dimensionert und werden nach der ersten Stufe abgedreht. Für Kupfer und kohlenstoffarmen Stahl wurden auf diese Weise maximale Umformgrade $\varphi_V \approx 2{,}6$ erzielt. Mit niedriglegiertem Stahl, Aluminium und Messing erreicht man $\varphi_V \approx 2{,}0$. Höherfeste und austenitische Stähle erlauben Umformgrade bis $\varphi_V \approx 1{,}5$. Als Versagensfälle gibt Krokha das Abreißen des Wulstes und Risse im Probenkern an. Schlecht umformbare Werkstoffe brechen bereits bei $\varphi_V \approx 0{,}5$.

Turno [67] verwendet Stauchproben mit $h_o/d_0 = 1{,}0$, einer Wulstbreite von $u_0 \approx 0{,}03 \cdot d_o$ und einer Wulsthöhe von $t_o \approx 0{,}5 \cdot u_o$. Im Vergleich zu den bisherigen Empfehlungen [63-66] wählt er einen kegeligen Innenrand des Wulstes mit einem Kegelwinkel von 30°. Bei der Berechnung der Fließkurvenpunkte berücksichtigt er die in [56,67,68] erwähnten Fehlerquellen, Ausknicken des Wulstes und evtl. austretender Schmierstoff, indem er die Probe zunächst mit Spannungen beaufschlägt, die knapp unter der Fließspannung des Probenwerkstoffs liegen. Die dabei gemessene Dehnung wird als Korrekturfaktor zur Berechnung der "wahren" Dehnung aus der "nominalen" Dehnung verwendet. Je nach Werkstoff benutzt er die Ansätze von Nadai [14] oder Ludwik [16] zur mathematischen Beschreibung der Fließkurve. Die Übereinstimmung mit Zugversuchen ist sehr gut. Die Umformung bleibt bis zu Umformgraden $\varphi = 0{,}9$ und einer Temperatur $\vartheta = 800°C$ homogen.

In Anlehnung an [6] gibt Tabelle 1 einen Überblick über Empfehlungen für optimale Wulstabmessungen [43,63,65,70,71,72]. Sofern keine anderen Angaben vorlagen, wurden diese auf Proben mit einem Durchmesser $d_0 = 20$ mm und einer Höhe ohne Wulst $h_0 - 2 \cdot t_0 = 20$ mm bezogen.

Pöhlandt [69] orientiert sich an den Wulstabmessungen von Turno [70] und erzielt ebenso wie [66] eine homogene Umformung bis $\varphi_V \approx 1{,}3$. Eine weitere Steigerung erscheint in Verbindung mit der Höhenmessung wenig sinnvoll, da sich Meßungenauigkeiten bei der Stauchwegmessung mit wachsendem Umformgrad relativ immer stärker auswirken. Für große Formänderungen gewinnt bei Proben mit kleinem h_o/d_o die Durchmessermessung zunehmend an Genauigkeit.

Untersuchungen von	$h_0 - 2\cdot t_0$	d_0	u_0	t_0	Bemerkungen
Rastegaev	20,0	20,0	-	0,2-0,3	
Suyarow, Benyakowski	20,0*	20,0*	0,3*	0,3*	$t_0=u_0=0,03\cdot r_0$
Chang, Shü	-	-	3,0	0,05	
Turno	20,0*	20,0*	$0,07r_0$	0,35	$t_0/u_0=0,5$
Latocha,Rafalski	20,0*	20,0*	-	-	$F_i=F_R$
Herberts, Wiegels	30,0	20,0	0,5	0,4	

*) eingesetzte Werte

Tabelle 1: Empfohlene Wulstabmessungen für Rastegaev-Proben.

Versuche mit Großproben nach [73,74] ergaben jedoch bei wesentlich flacheren Wülsten homogene Umformung. Reiss empfiehlt bei einem Ausgangsdurchmesser von d_0 = 90 mm und einer Ausgangshöhe von h_0 = 90 mm, eine Wulstbreite von u_0 = 7 mm = $0,08\cdot d_0$ und eine Wulsthöhe von t_0 = 1 mm = $0,14\cdot u_0$. Der Nachweis für die homogene Umformung kann durch Härtemessungen [56,74] sowie durch Drähte, die man vor dem Stauchen in achsparallele Bohrungen steckt [73,74], erbracht werden (Bild 7).

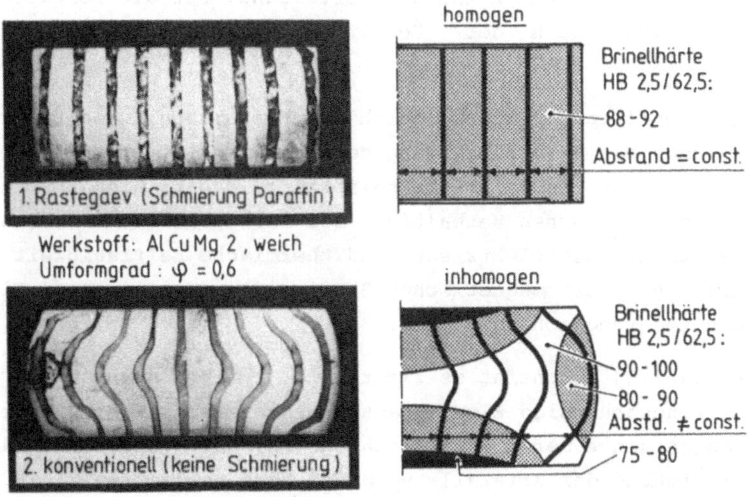

Bild 7: Vergleich von Stauchproben mit und ohne Schmiertaschen im Hinblick auf die Homogenität der Umformung [75].

2.2 Plastische Anisotropie

2.2.1 Grundbegriffe

Anisotropie ist die Richtungsabhängigkeit der Werkstoffeigenschaften [1]. Als Ursache für ein richtungsabhängiges Werkstoffverhalten kommen folgende Erscheinungen in Betracht [6]:

Kristallanisotropie:
Diese hat für das anisotrope Verhalten die größte Bedeutung. In einem metallischen Einkristall sind aufgrund von zwischenatomaren Kräften in allen Richtungen gleichartiger Atomabstände die Eigenschaften gleich. Dagegen unterscheiden sich die Eigenschaften in Richtungen, die sich in den Atomabständen unterscheiden. Das Ausmaß der Kristallanisotropie steigt mit abnehmender Symmetrie der Kristallstruktur. Daher sind Metalle mit hexagonalem Gitter stärker anisotrop als kubische.

Die Anisotropie eines Einkristalls wirkt sich im Vielkristall nur aus, wenn die Kristallite eine Vorzugsorientierung haben. Ausgeprägte Vorzugsorientierungen bezeichnet man auch als Texturen.

Gefügeanisotropie:
Diese besteht darin, daß Korngrenzen oder Zweitphasen eine Vorzugsorientierung aufweisen. Dies beinhaltet auch die Orientierung der Kornform- und Korngrößenverteilung. Für die Kornformverteilung wird auch der Begriff "Orientierungskorrelation" gebraucht [6].

Vorzugsorientierungen können durch die Erstarrung, die Umformung und / oder die Wärmebehandlung des Werkstoffs erzeugt werden [76]. Die daraus resultierende Anisotropie äußert sich im elastischen und plastischen Verhalten. Bei nicht kubischen Metallen sind weiterhin die elektrische und thermische Leitfähigkeit und vor allem bei ferromagnetischen Stoffen die magnetischen Eigenschaften richtungsabhängig [77].

Nach Bunge [78] erscheint es zweckmäßig, richtungsabhängige und orientierungsabhängige Eigenschaften zu unterscheiden. Die ersteren hängen von einer Kristallrichtung ab, sind also unabhängig von der Drehung des Kristalls um diese Lage herum, so z. B. E-Modul, thermische Ausdehnung, elektrische Leitfähigkeit etc.. Orientierungsabhängige Eigenschaften hängen von der vollständigen

Kristallorientierung ab, so z.B. der Elastizitätstensor und die plastische Verformungsarbeit bei mehrachsiger Formänderung.

In der Umformtechnik sind vor allem die elastische und plastische Anisotropie von Interesse. Bild 8 zeigt die Richtungsabängigkeit des E-Moduls, der Gleichmaßdehnung sowie der Zugfestigkeit an einem kreuzgewalzten und spannungsfrei geglühten Molybdänblech.

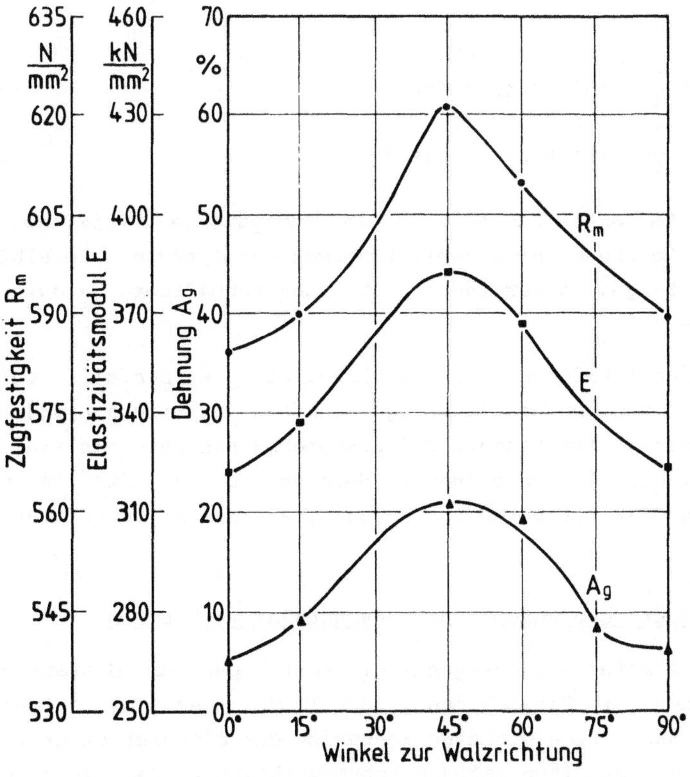

Bild 8: Richtungsabhängigkeit der Werkstückeigenschaften an einem kreuzgewalzten Molybdänblech [79].

Zur Beurteilung der Anisotropie wird vor allem in der Blechumformung der von Lankford [80] definierte r-Wert benutzt. Dieser Wert wird im Flachzugversuch ermittelt und beschreibt die senkrechte

Anisotropie als Quotient von logarithmischer Breitenformänderung zur Dickenformänderung.

$$r = \frac{\varphi_b}{\varphi_s} . \tag{16}$$

Nach dem Stahl-Eisen-Prüfblatt 1126 [81] kann aus drei Zugproben, die unter 0°, 45° und 90° zur Walzrichtung entnommen sind, die Anisotropie des Blechs eindeutig bestimmt werden, indem man die mittlere senkrechte Anisotropie r und die ebene Anisotropie Δr errechnet.

$$\bar{r} = \frac{1}{4} (r_0 + 2 \cdot r_{45} + r_{90}) \tag{17}$$

$$\Delta r = \frac{1}{2} (r_0 + r_{90} - 2 \cdot r_{45}) \tag{18}$$

Eine große senkrechte Anisotropie bezeugt gute Tiefziehbarkeit, eine große ebene Anisotropie hingegen ausgeprägte Zipfelbildung in der Zarge, in Verbindung mit ungleichmäßiger Wanddicke am Umfang [82].

In der Massivumformung kann sich Anisotropie ebenfalls auf den Stofffluß und die Werkstückeigenschaften auswirken [83]. Nach [84] zeigen kaltgestauchte Zylinderproben aus Feinzink eine sehr unterschiedliche Verformung in Umfangsrichtung, die in großem Maße durch das Verfahren zur Halbzeugherstellung beeinflußt wird.

2.2.2 Plastische Anisotropie hexagonaler Werkstoffe

Bei Werkstoffen mit hexagonal dichtest gepackter Gitterstruktur entsprechen die Basisebenen (0 0 0 1) den Ebenen mit dichtester Kugelpackung. Eine wichtige Kenngröße der Gitterstruktur für das plastische Verhalten ist das Achsenverhältnis c/a, welches die Auswahl der Gleit- und Zwillingssysteme bei der plastischen Verformung maßgeblich beeinflußt.

Für den Idealfall der dichtesten Kugelpackung ergibt sich ein theoretisches Achsenverhältnis c/a = 1,633. Magnesium kommt diesem theoretischen Wert mit 1,623 sehr nahe, Zink liegt mit 1,856 darüber und Titan mit 1,587 darunter [85]. Wird der Abstand zwischen den Basisebenen hinreichend groß (c/a > 1,633), so werden diese zur Gleitebene. Dies ist z. B. für Zink der Fall, wohingegen bei Titan und Magnesium andere Gleitebenen auftreten [86].

In Bild 9 sind an einer Elementarzelle die wichtigsten Ebenen und Richtungen eingetragen. Die Bezeichnungen der Ebenen und Richtun-

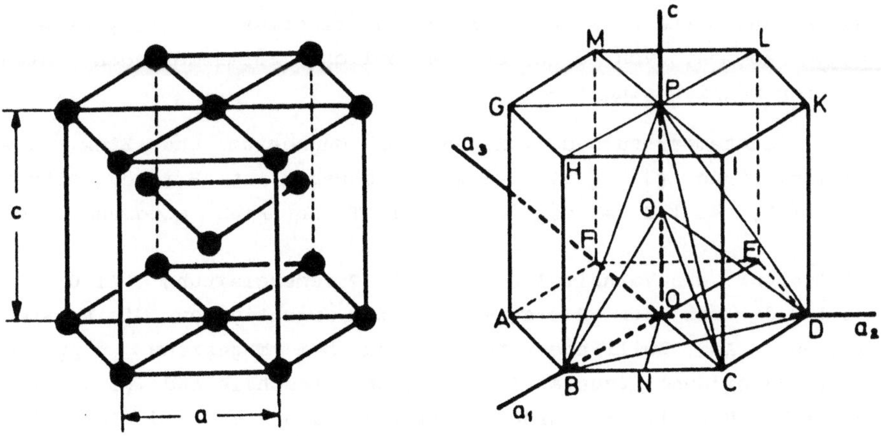

Wichtige Ebenen und Richtungen

Ebene	Indizes	Bezeichnung
ABCDEF	(0001)	Basisebene
BCIH	$(10\bar{1}0)$	Prismenfläche I. Art
BDKH	$(11\bar{2}0)$	Prismenfläche II. Art
BCP	$(10\bar{1}1)$	Pyramidenfl. I.Art, 1.Ordn.
BCQ	$(10\bar{1}2)$	Pyramidenfl. I.Art, 2.Ordn.
BDP	$(11\bar{2}1)$	Pyramidenfl. II. Art, 1.Ordn.
BDQ	$(11\bar{2}2)$	Pyramidenfl. II. Art, 2.Ordn.

Richtung	Indizes	Bezeichnung
OP	[0001]	hexagonale Achse
OC	$[11\bar{2}0]$	diagonale Achse I. Art
ON	$[10\bar{1}0]$	diagonale Achse II. Art
NQ	$[10\bar{1}\bar{1}]$	

Bild 9: Kristallstruktur sowie wichtige Ebenen und Richtungen hexagonaler Metalle [83].

gen erfolgt bei hexagonalen Werkstoffen im allgemeinen mit Miller-Bravais-Indizes in einem Koordinatensystem mit den vier Achsen a_1, a_2, a_3, c [86].

Die Verformungsmechanismen sind Gleitung und Zwillingsbildung. Die eigentliche plastische Verformung durch Zwillingsbildung ist relativ gering. Wichtig ist jedoch die unstetige Orientierungsänderung des Gitters, wodurch ungünstig orientierte Gleitsysteme in Lagen kommen, von denen aus erhebliche Formänderungen durch Gleiten möglich sind [83].

Bei Raumtemperatur dominieren bei Magnesium und Zink die Basisgleitung (0 0 0 1) $\langle 1\ 1\ \bar{2}\ 0 \rangle$; daneben ist Prismengleitung (1 0 $\bar{1}$ 0) $\langle 1\ 1\ \bar{2}\ 0 \rangle$ möglich. Bei Titan kann aufgrund des

kleineren c/a-Verhältnisses die Prismengleitung (1 0 $\bar{1}$ 0) $\langle 1\ 1\ \bar{2}\ 0 \rangle$ vor der Basisgleitung zum wichtigsten Gleitsystem werden. An Zwillingssystemen sind bei Magnesium doppelte Zwillingsbildung (zuerst (1 0 $\bar{1}$ 1) und anschließend (1 0 $\bar{1}$ 2)) möglich. Bei Titan wurde "normale" (1 0 $\bar{1}$ 2) und "anomale" (1 1 $\bar{2}$ 1) bis (1 1 $\bar{2}$ 4) Zwillingsbildung gefunden. Bei der Umformung von Zink kann "normale" Zwillingsbildung auftreten [83,86-90].

Die Richtungsabhängigkeit der Verformungsmechanismen führt zu einer ausgesprochenen Anisotropie der Fließspannung bei Einkristallen. Dies beweisen Untersuchungen von [88] an Magnesiumeinkristallen bei Stauchversuchen mit ebenem Formänderungszustand (Bild 10). Bei Zug- und Stauchversuchen mit Einkristallen zeigt sich auch bei den Formänderungen ein anisotropes Verhalten. Im allgemeinen werden kreisförmige Querschnitte oval; neben den Längenänderungen treten Schiebungen auf [89].

Vielkristalline Werkstoffe mit Textur bewegen sich in ihrem anisotropen Verhalten zwischen den beiden Grenzfällen des Einkristalles bei einheitlicher Ausrichtung und der Isotropie bei regelloser Anordnung [6]. Untersuchungen von Schröder [83] an stranggepreßten hexagonalen Metallen - Zink, Titan und Magnesium - zeigen eine Richtungsabhängigkeit der Fließspannung, der Bruchdehnung und der Brucheinschnürung sowie eine z. T. starke Unrundheit der gestauchten Proben.

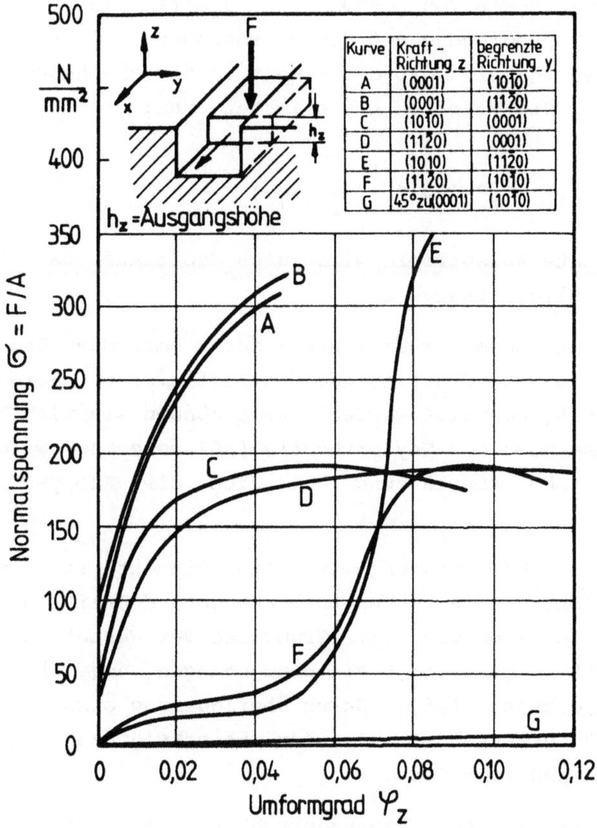

Bild 10: Anisotrope Verfestigung von Magnesium-Einkristallen [88].

2.2.3 Die Aufnahme von Fließortkurven

Nach der Fließbedingung von v. Mises beginnt ein Metall plastisch zu fließen, wenn die Vergleichsspannung den Wert der Fließspannung erreicht. Da sich innerhalb weiterer Grenzen jeder dreiachsige Spannungszustand durch Überlagerung eines hydrostatischen Druckes in einen ebenen Spannungszustand überführen läßt, genügt oft die aus Gleichung (7) hervorgehende Beziehung [91].

$$\sigma_v^2 = \sigma_1^2 + \sigma_2^2 - \sigma_1 \sigma_2 \qquad (19)$$

Von Hill [92] sowie von Hosford und Backofen [93] wurde die v. Misessche Fließbedingung auf den anisotropen Fall erweitert. Sie vereinfachten dabei, daß der r-Wert in der Blechebene konstant ist ($\Delta r = 0$). Die Fließbedingung lautet dann:

$$\sigma_v^2 = \sigma_x^2 + \sigma_y^2 - \sigma_x \sigma_y \left(\frac{2 \cdot r}{r + 1}\right) \tag{20}$$

Die senkrechte Anisotropie wirkt sich damit auf das Achsenverhältnis der Fließortkurve aus.

Fließortkurven können experimentell durch Umformung bei definierten Spannungszuständen [94] oder bei definierten Formänderungszuständen [95] bestimmt werden. Auch können sie mit Hilfe der Texturanalyse nach der Taylortheorie [96] berechnet werden [97]. Für eine grobe Abschätzung hat sich die Knoop-Härtemessung bewährt [98].

Bei der Knoop-Härtemessung wird eine Diamantspitze mit rhombischer Projektionsfläche benutzt. Länge und Breite des Eindrukkes verhalten sich wie 7:1. Grundlage der Meßmethode ist die Annahme, daß sich die Deviatorspannungen umgekehrt wie die Diagonalen verhalten [98]. Durch Überlagerung eines hydrostatischen Spannungszustandes wird der dreiachsige zu einem ebenen Spannungszustand reduziert.

Aus dem ursprünglichen Spannungsverhältnis 1:7 erfolgen die in Bild 11 eingetragenen ebenen Spannungsverhältnisse α. Zu diesen sind aus den Knoop-Härtewerten die zugehörigen Fließspannungen zu berechnen. Hierzu wird Gleichung (19) benutzt, in der einerseits die Spannungsverhältnisse α und andererseits die Knoop-Härtewerte als Vergleichsspannung σ_v eingesetzt werden [91].

Damit ergeben sich die Hauptspannungen σ_1 und σ_2 nach der Beziehung:

$$\sigma_1 = \frac{HK}{\sqrt{(1-\alpha+\alpha^2)}} \; ; \; \sigma_2 = \alpha\, \sigma_1 \tag{21}$$

Die Spannungsverhältnisse und Knoop-Härtewerte HK bestimmen sechs Punkte auf der Fließortkurve. Knoop-Härtemessungen sind zur Fließortkurvenbestimmung überwiegend an hexagonalen Metallen

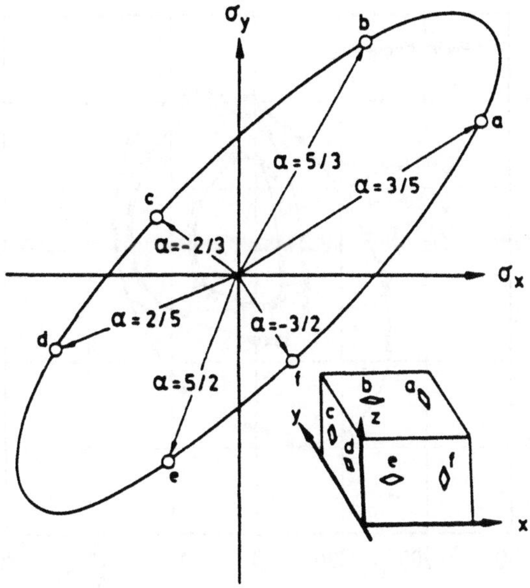

Bild 11: Ermittlung der Fließortkurve aus Knoop-Härtemessungen [98].

durchgeführt worden [91]. In [100,101] wurden Magnesium und Titan untersucht. Für anisotrope Werkstoffe erhält man unsymmetrische Fließortkurven. Bild 12 zeigt die Fließortkurven von reinem Magnesium mit ausgeprägter Textur bei unterschiedlichen Umformgraden.

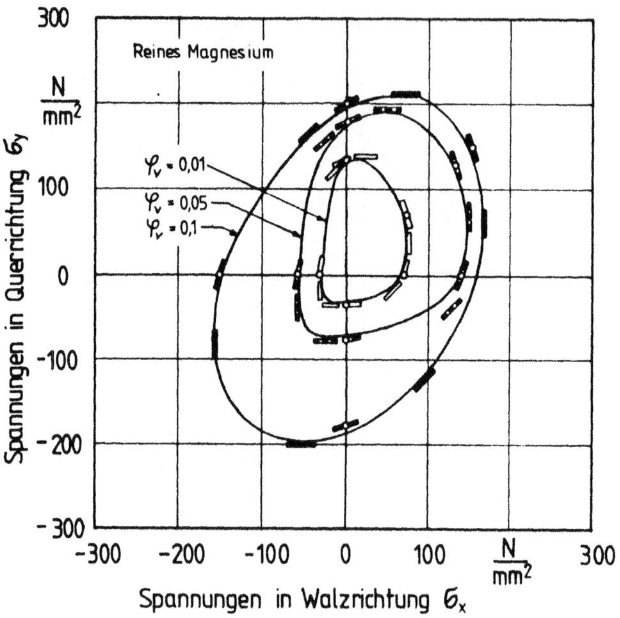

Bild 12: Fließortkurven eines Magnesium-Blechs mit ausgeprägter Textur [95].

2.3 Die Textur und ihre Bestimmung

2.3.1 Die Orientierungsverteilungsfunktion

Textur kann nach Bunge [78] als kristallographische Orientierungsverteilung der Kristalle einer Phase definiert werden. Bei mehreren Phasen besitzt jede ihre eigene Textur. Größe, Form, Anordnung sowie Gitterfehler der Kristallite bleiben unberücksichtigt. Die Orientierung eines Volumenelementes v ist durch die Orientierung des Kristallkoordinatensystems relativ zum Probenkoordinatensystem festgelegt. Üblicherweise wird die Orientierung durch 3 Euler-Winkel (Bild 13) oder einen Tensor beschrieben.

Infolge der Symmetrie kann es mehrere kristallographisch gleichwertige, d.h. physikalisch nicht unterschiedliche Lagen des Kristallkoordinatensystems geben, die durch Symmetrieoperationen ϑ^{k} ineinander übergeführt werden. Da alle diese Lagen ein und denselben Kristall beschreiben, muß die Orientierungsverteilungs-

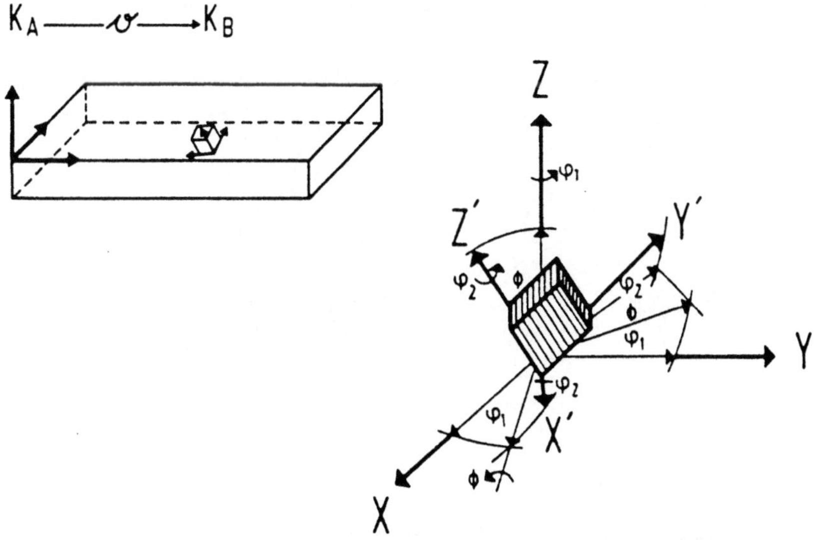

Bild 13: Die drei Eulerschen Winkel zur Beschreibung der Kristallorientierung im Probenkoordinatenstystem nach [78].

funktion (OVF) für sie den gleichen Wert besitzen. Neben der Kristallsymmetrie kann es eine Probensymmetrie geben. In diesem Fall kommen verschiedene Kristallorientierungen statistisch gleichläufig vor, wie beispielsweise die Rotationssymmetrie beim Strangpressen von Rundmaterial.

Die Orientierungsverteilungsfunktion kann durch Messung der Orientierung aller Kristallite der Probe und Berechnung einer Häufigkeitsverteilung bestimmt werden. Dieses Verfahren ist sehr zeitaufwendig; man hat jedoch keine symmetriebedingten Auslöschungen.

Das am häufigsten angewandte Verfahren, die Polfigurmessung, erfaßt die Häufigkeitsverteilung einer Kristallrichtung. Die

Poldichte dieser Richtung kann auf der Polkugel dargestellt und in die Ebene projiziert werden (Bild 14). Eine Drehung der Kristallite um die betrachtete Richtung läßt sich aus dieser Darstellung nicht erkennen. Deshalb wird aus mehreren Polfiguren für verschiedene Kristallrichtungen durch eine Polfigureninversion die Orientierungsverteilungsfunktion abgeleitet [78].

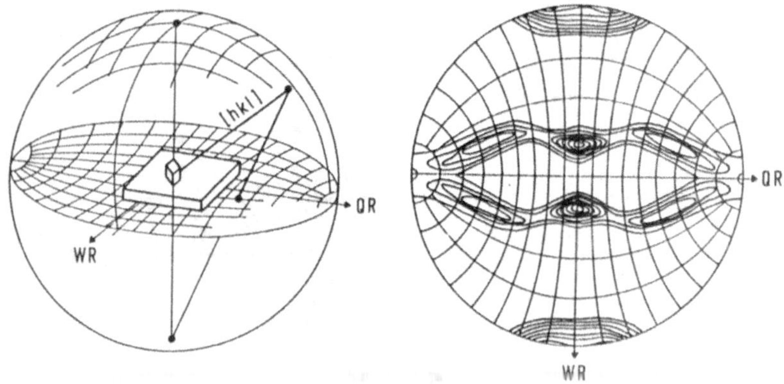

Bild 14: Ermittlung von Polfiguren [78].

Texturfunktionen können aus einer rechts- und einer linkshändigen Teilfunktion bestehen. Diese löschen sich teilweise aus, so daß sich eine vollständige Verteilungsfunktion aus einem reproduzierbaren und einem ausgelöschten Anteil zusammensetzt.

Nach dem "Fridelschen Gesetz" entstehen bei zentrosymmetrischen Kristallen immer ein Symmetriezentrum und damit Auslöschungen. Die Polfigur ergibt nur den reproduzierbaren Anteil. Die Verfälschungen werden als positive oder negative Geisterpeaks bezeichnet [102].

Da die plastische Anisotropie von der vollständigen Kristallorientierung abhängt, ist es bedeutsam, die tatsächliche Verteilungsfunktion zu kennen. Man erhält z.B. die plastische Formänderungsarbeit, wenn die Formänderungsarbeit bei der entsprechenden Verformung für alle Einkristalle bekannt ist. Da dies im allgemeinen nicht der Fall ist, verwendet man die nach dem theoretischen Modell (z.B. Taylortheorie) berechnete Umformarbeit, den Taylorfaktor [103].

Hieraus ergeben sich dann die Fließortkurven und die Richtungsabhängigkeit des r-Wertes als wichtige Kenngrößen der plastischen Verformung vielkristalliner, texturierter Werkstoffe [104,105]. Die Annahme einer wechselfreien Überlagerung der Einkristalleigenschaften ist im realen Fall nicht oder nur teilweise erfüllt. Der Wert der makroskopischen Eigenschaften hängt nicht nur von der Textur, sondern auch von der Orientierungskorrelation ab. Die genaueren Berechnungen sind möglich [106], erfordern jedoch sehr aufwendige numerische Verfahren. Für die praktischen Belange genügt meist die Voigt-Reuss-Hill-Näherung [107].

Orientierungsverteilungen können makroskopisch und mikroskopisch inhomogen sein. Makroskopische Inhomogenitäten beziehen sich auf Volumenanteile, die groß sind gegenüber der Korngröße. Ein typisches Beispiel hierfür sind zyklische Texturen von Drähten und Stäben. Die lokale Textur außerhalb der Achse besitzt hier keine Rotationssymmetrie. Mikroskopische Inhomogenitäten sind im Bereich der Korngröße und können Klein- und Großwinkelkorngrenzen, verzwillingte Bereiche und Scherbänder sein. Mikroinhomogenitäten spielen eine wichtige Rolle beim theoretischen Verständnis der Entstehung der Verformungs- und Rekristallisationstexturen [78].

2.3.2 Experimentelle Methoden zur Texturbestimmung

Die wichtigste Methode zur Texturbestimmung ist die Messung von Polfiguren. Die ersten Untersuchungen beschränkten sich auf die Feststellung ungleichmäßiger Intensitätsverteilung bei Debey-Scherrer Ringen. Aus mehreren Filmaufnahmen wurden Polfiguren konstruiert.

Seit der Einführung des Zählrohrdiffraktometers (Bild 15) stehen quantitative Polfiguren zur Verfügung. Die Proben können um zwei oder drei Achsen gedreht werden, um somit die Polkugel systematisch abtasten zu können. Das Abtastschema - Kreis oder Spirale - ist im wesentlichen von der Konstruktion des Goniometers festgelegt [78].

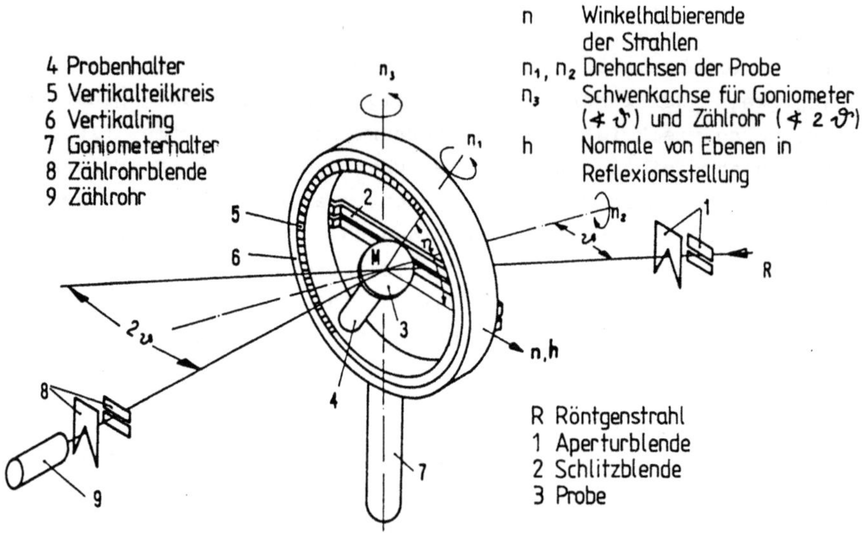

Bild 15: Arbeitsweise eines Goniometers zur Texturuntersuchung [83].

Zur Aufnahme von Polfiguren kommen Röntgenstrahlen, Neutronen und Elektronen in Betracht. Diese unterscheiden sich vor allem in ihrer Eindringtiefe und ihrer lateralen Auflösung (Tabelle 2).

	Neutronen	Röntgenstrahlen	Elektronen
Eindringtiefe	≈ 1 cm	10...100 µm	1000 Å
laterale Auflösung	≈ 1 cm	1 mm[a)] 50 µm[b)]	1 µm[c)] 10 Å[d)]

[a)] Normalfokus [c)] Feinbereichsbeugung

[b)] Mikrofokus [d)] Mikrobeugung

Tabelle 2: Eindringtiefen und laterales Auflösungsvermögen von Neutronen, Röntgenstrahlen und Elektronen.

Röntgenstrahlen haben im Vergleich zu Elektronen und Neutronen eine mittlere Eindringtiefe. Röntgenbeugung ist eine universelle und zugleich die am besten etablierte Methode zur Texturbestimmung, da sie ohne übermäßigen Aufwand sowohl Einzelkornmessungen als auch makroskopische Texturanalysen ermöglicht.

Neutronenbeugung kann, in gleicher Weise wie Röntgenbeugung zur Texturmessung eingesetzt werden. Wegen der geringen Absorption der Neutronen verglichen mit anderen Strahlungsquellen können auf diese Weise globale Texturen erfaßt werden. Schichtdicken im Zentimeterbereich werden durchstrahlt. Damit können Proben in technisch interessanten Dimensionen als Ganzes untersucht werden. Anlagentechnisch ist die Neutronenbeugungsanalyse sehr aufwendig. Als Neutronenquellen werden Kernreaktoren benutzt [108].

3 Zielsetzung

3.1 Fließkurvenaufnahme

Der Zylinderstauchversuch ist ein weit verbreitetes Verfahren zur Aufnahme von Fließkurven. Da bei einer Druckumformung wesentlich höhere Umformgrade erzielt werden als bei Zugumformung, eignet sich dieses Verfahren zur Fließkurvenaufnahme bis zu hohen Umformgraden. Mit zunehmendem Umformgrad wird jedoch beim konventionellen Stauchen die Umformung inhomogen. Die Ursache hierfür ist die Reibung im Stirnflächenbereich, die sich als tonnenförmige Ausbauchung in Verbindung mit dem Anlegen der Mantelfläche an die Stauchbahn äußert. Mit abnehmender Probenhöhe wird die Reibungsbehinderung immer größer und führt zu einer Erhöhung der Stauchkraft.

In der Literatur wird empfohlen, den minimalen Schlankheitsgrad h/d = 0,5 nicht zu unterschreiten. Teilweise werden sehr schlanke Proben verwendet, um große Formänderungen zu erzielen. Diese ergaben jedoch für kleine Umformgrade eine zu niedrige Fließspannung. Durch das Stauchen von weniger schlanken, geschmierten Proben werden die Reibungseinflüsse reduziert. Die Ausbauchung kann jedoch auf diese Weise nur bis zu kleinen Umformgraden vermieden werden. Die Möglichkeit, in mehreren Schritten zu stauchen, die Mantelfläche zu überdrehen und neu zu stauchen ist sehr umständlich und zeitaufwendig. Deshalb wird nach einem Verfahren gesucht, mit dem bis zu großen Umformgraden in einem Hub möglichst homogen gestaucht werden kann.

Der Zylinderstauchversuch mit Schmiertaschen nach Rastegaev wurde als praktikable Lösung zur Fließkurvenaufnahme bereits mehrfach empfohlen. Da die Homogenität der Umformung maßgeblich durch die Wulstabmessungen bestimmt ist und die diesbezüglichen Literaturangaben teils unterschiedlich sind, sollen die Wulstabmessungen systematisch optimiert werden.

Homogen gestauchte Zylinderproben zeichnen sich dadurch aus, daß die zylindrische Form nach dem Stauchen erhalten bleibt. Wegen der äußerst geringen Reibungsbehinderung beim Stauchen besteht beim Stauchen modifizierter Proben eine erhöhte Gefahr der Instabilität duch Schiebungen. Die Literatur empfiehlt deshalb weniger schlanke Proben mit l_0/d_0 = 1,0 zu verwenden. Dies weicht jedoch von der Schlankheit konventioneller Zylinderstauchproben ab. Deshalb soll auch der Einfluß des Schlankheitsgrades der Stauchprobe auf deren Verformung als auch auf die gemessene Fließkurve untersucht werden.

Ziel des ersten Teiles der Untersuchung ist eine Fließkurvenaufnahme bis zu hohen Umformgraden bei einer möglichst homogenen Umformung der Stauchprobe. Die Grenzen sind hierbei durch die verfügbare Preßkraft, die Abmessungen der radialen Wegtaster und durch das Umformvermögen des Werkstoffes gegeben.

Der verfügbare Meßaufbau ist gut geeignet, um den Umformgrad aus dem momentanen Querschnitt der Stauchprobe zu ermitteln. Unrundheiten werden durch mehrere radiale Wegtaster ausgeglichen.

3.2 Erfassung der Anisotropie

Im zweiten Schritt sollen die Ergebnisse der Probenoptimierung dazu benutzt werden, um mit Proben, die in axialer Richtung möglichst zylindrisch bleiben, die anisotropen Eigenschaften, insbesondere die anisotrope Verformung und die Richtungsabhängigkeit der Fließspannung zu ermitteln.

Die plastische Anisotropie eines Werkstoffs hängt im wesentlichen von dessen Kristallstruktur, dem Gefüge und der Vorzugsorientierung im polykristallinen Werkstoff ab. Deshalb wird angestrebt, durch den Vergleich von Texturentwicklung und Gefügeanisotropie mit anisotroper Verformung und anisotroper Verfestigung ein Verständnis für die plastische Anisotropie eines Werkstoffes zu erlangen.

Da hexagonale Werkstoffe im kristallinen Aufbau weniger Gleitsysteme und eine niedrigere Symmetrie als kubische aufweisen, neigen sie in Verbindung mit einer ausgeprägten Vorzugsorientierung zu einem stark anisotropen Verhalten. Deshalb wurden drei hexagonale Werkstoffe mit unterschiedlichem c/a-Verhältnis und mit einer Strangpreßtextur für die Anisotropiemessungen ausgewählt.

Der vorhandene Meßaufbau ermöglicht es, die Unrundheit der Probe während des Stauchvorganges zu erfassen. Damit besteht die

Möglichkeit, aus der anisotropen Verformung in Analogie zum Zugversuch den r-Wert zu bestimmen. Diese Vorgehensweise ist bislang in der Massivumformung wenig eingeführt, dennoch ermöglicht sie eine bessere Beschreibung des plastischen Verhaltens metallischer Werkstoffe.

Mit der raschen Entwicklung von Rechenanlagen steigt das Interesse an Simulationsprogrammen für Umformvorgänge. Diese Programme basieren im allgemeinen auf der Finite-Elemente-Methode und zeichnen sich durch hohe Berechnungsgenauigkeit aus. Die Qualität der Ergebnisse ist jedoch ganz wesentlich von Genauigkeit der Eingabedaten abhängig.

Die Zielsetzung ist deshalb eine verbesserte Fließkurvenaufnahme zu hohen Umformgraden hin sowie eine Erweiterung der Werkstoffbeschreibung durch zusätzliche Bestimmung der plastischen Anisotropie. Mit Hilfe des vorhandenen Versuchsaufbaues lassen sich beide Informationen aus einer Stauchprobe gewinnen, sofern es gelingt, die Reibungseinflüsse im Stauchversuch weitgehend zu unterdrücken.

4 Rechnerische Beschreibung des Stauchversuches

4.1 Rechenansätze nach der elementaren Theorie

Beim Stauchen zylindrischer Proben wirkt im Idealfall eine einachsige Druckspannung axial auf die Probenstirnfläche. Radial- und Tangentialspannungen sind dann gleich Null. Im realen Stauchvorgang behindern sie jedoch den radialen Stofffluß im Bereich der Stirnflächen und führen zu einer inhomogenen Umformung sowie zu einer Erhöhung der Axialspannung gegenüber der Fließspannung.

Beim Stauchen von Rastegaev-Proben wird diese Reibungsbehinderung zum einen durch eine Reduzierung der reibungsbehinderten Flächenanteile und zum anderen durch die radialen Druckspannungen in den Schmiertaschen kompensiert. Verwendet man Schmierstoffe mit geringer Scherfestigkeit, so kann die Normalspannung auf den Innenrand des Wulstes σ_r der Axialspannung σ_z gleichgesetzt werden (Bild 16).

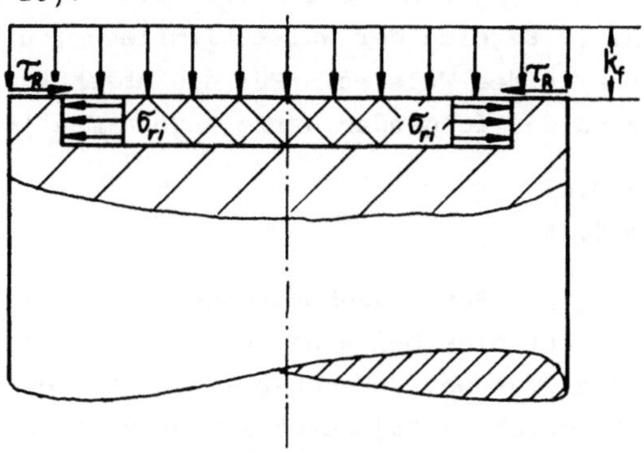

Bild 16: Spannungen beim Stauchen von Rastegaev-Proben.

In Übereinstimmung mit [65] sind die Reibungseinflüsse kompensiert, wenn gilt:

$$\sigma_r \cdot 2 \cdot \pi \, (r - u) \, t = \mu \, \sigma_z \, \pi \, (2 \cdot r - u) \, u \qquad (22)$$

Unter der vereinfachenden Annahme, daß $\sigma_r = \sigma_z$ und $u \ll r$ sei, gilt damit näherungsweise:

$$\mu = \frac{t}{u} \qquad (23)$$

Es ist aber zu erwarten, daß mit zunehmendem Umformgrad t abnimmt und u zunimmt. Setzt man voraus, daß die Formänderungen am Wulst denen der Gesamtprobe entsprechen, so gilt:

$$\frac{t}{u} = \frac{t_0}{u_0} \quad e^{3/2 \cdot \varphi} \tag{24}$$

Dies bedeutet wiederum, daß der Wulst nur für singuläre Umformgrade optimal bemessen sein kann.

Nach [71] wird für Rastegaev-Proben der Zusammenhang zwischen der Fließspannung k_f und dem Umformwiderstand k_w durch folgende Beziehung beschrieben:

$$k_f(\varphi) = k_w(\varphi) \; \{1 - \frac{2}{3\;h} \varkappa \; r(\varphi) + 3 \; \mu \; u(\varphi)\} \tag{25}$$

$\varkappa$ ist dabei die Reibungszahl im Schmiertaschenbereich und μ ist die Reibungszahl im Bereich der Wulststirnfläche; u(.) bezeichnet die momentane Breite des Wulstes. Für die Abschätzung werden für die Reibungszahlen die folgenden Werte angenommen [6]:

$\varkappa = 0{,}05 \pm 0{,}01$
$\mu = 0{,}20 \pm 0{,}05$

Für eine Probe mit Ausgangsabmessungen von h_0 = 16 mm und d_0 = 10 mm entspricht dies bei einer Wulstbreite von 0,5 mm einem Korrekturglied von 2,5% bei Versuchsbeginn. Diese Größenordnung wurde bestätigt durch in [6] beschriebene Versuche mit Proben unterschiedlicher Schlankheitsgrade. Auch eigene Versuche zeigten für derartig dimensionierte Wülste Anfangsfehler bei der Höhenmessung in dieser Größenordnung. Es hat sich hierbei jedoch auch gezeigt, daß nicht, wie in Gleichung (25) beschrieben, die Wulstbreite, sondern die Wulsthöhe den maßgeblichen Einflußfaktor auf die Streuung der Fließkurvenwerte darstellt. Beim Vergleich von Höhenabnahme und Durchmesserzunahme hat sich auch gezeigt, daß tiefe Schmiertaschen bei Höhenmessung durch die Voreilung des Wulstes und durch Schmierstoffverlust zu große Umformgrade ergeben. Zu große Umformgrade ergeben einen zu kleinen Umformwiderstand. Beide Effekte wirken gleichsinnig, so daß es denkbar ist, daß bei großen Schmiertaschen der gemessene Umformwiderstand niedriger als die Fließspannung k_f ist. Die Berechnungen von Suyarow [71] können diese Effekte nicht berücksichtigen.

4.2 Berechnungen der oberen Schranke

4.2.1 Das Schrankenverfahren

In der Plastizitätstheorie ermöglichen die sogenannten Schrankenverfahren die Berechnung von Leistungen und Kräften über Spannungs- und Leistungsbetrachtungen [109]. Die Schranken sind durch Extremalprinzipien gegeben. Betrachtet man einen Körper, der sich ganz im Zustand des plastischen Fließens befindet, so kann die Umformleistung nach [1] beschrieben werden

$$I^o = \int_A \sigma^o_{ij} \, v_i \, n_j \, dA \qquad (26a)$$

$$J^* = k \sqrt{2} \int_V \sqrt{\dot{\varepsilon}^*_{ij} \, \dot{\varepsilon}^*_{ij}} \, dV - \int_A S_i \, v^*_i \, dA \qquad (26b)$$

Von allen statisch zulässigen Spannungsfeldern σ^o_{ij} macht das wirklich vorhandene Spannungsfeld σ_{ij} den Ausdruck (26a) zu einem Maximum. Von allen kinematisch zulässigen Formänderungsgeschwindigkeitsfeldern $\dot{\varepsilon}^*_{ij}$ macht das wirklich vorhandene Geschwindigkeitsfeld $\dot{\varepsilon}_{ij}$ den Ausdruck (26b) zu einem Minimum.

Nach dem Extremalprinzip bildet das gewählte Formänderungsgeschwindigkeitsfeld die obere Schranke, das Spannungsfeld die untere Schranke. Genau betrachtet ist diese Extremalaussage nur für starr-idealplastisches Werkstoffverhalten und Fließbeginn gültig. Je besser die Annahmen mit den wahren Bedingungen übereinstimmen, umso kleiner sind die Abweichungen von beiden Berechnungsverfahren. Da sich für viele Umformverfahren die Geschwindigkeitsfelder einfacher und mit größerer Genauigkeit als die Spannungsfelder beschreiben lassen, beschränkt man sich gern auf die Berechnung der oberen Schranke [1].

Beim Stauchen von modifizierten Proben bietet sich diese Methode besonders an, da hierbei eine homogene Umformung angestrebt wird, deren Geschwindigkeitsfeld sehr einfach zu beschreiben ist.

4.2.2 Beschreibung der Randbedingungen

Um eine möglichst gute Genauigkeit der Berechnungen zu erzielen, wurden die Randbedingungen in Modellversuchen bestimmt.

Beim Flachstauchen einer großen Platte aus Paraffin wurden die

Fließspannung und die Scherfestigkeit des Schmierstoffs mit k_{fWa} = 3 N/mm² ermittelt.

Die Reibungszahlen wurden mit Ringstauchversuchen [111] ermittelt. Diese ergaben mittlere Reibungszahlen von μ = 0,1 für trockene Reibung und μ = 0,03 für Wachsschmierung auf den Stirnflächen der Stauchproben. Weiterhin zeigte sich, daß der Schmierstoff nicht nur im Schmiertaschenbereich wirksam ist, sondern auch in den Spalt zwischen Wulststirnfläche und Werkzeug eindringt. Das bedeutet, daß auch ein Teil der Stirnfläche des Wulstes hydrostatisch geschmiert wird. Die Breite der Einglättung und somit erhöhter Reibungsbehinderung ist quasi unabhängig von der Breite des Wulstes und beträgt etwa 0,5 mm.

4.2.3 Berechnungen und Ergebnisse

Nach Prager und Hodge [109] ergeben sich obere Schranken für die Umformleistung, wenn den Berechnungen eine kinematisch zulässige Geschwindigkeitsverteilung der Probenteilchen zugrunde gelegt wird. Dieses Geschwindigkeitsfeld muß der Kontinuitätsbedingung genügen und es muß die gegebenen Randbedingungen für die Geschwindigkeiten erfüllen. Das wirkliche Geschwindigkeitsfeld liefert dann den kleinsten Wert für die Umformleistung. Je besser das Geschwindigkeitsfeld an den realen Vorgang angepaßt ist, umso genauer sind die berechneten Leistungen.

Für torsionsfreie, axialsymmetrische Umformungen kann die Verteilung der Geschwindigkeitskomponenten folgendermaßen angenommen werden:

$$v_r = \frac{v_{Wz}}{2 \cdot h} r \qquad (27a)$$

$$v_\vartheta = 0 \qquad (27b)$$

$$v_z = - \frac{v_{Wz}}{h} z \qquad (27c)$$

Aus diesen Beziehungen errechnen sich die Komponenten des Formänderungsgeschwindigkeitstensors zu:

$$\dot{\varepsilon}_r = \frac{v_r}{r} = \frac{v_{Wz}}{2 \cdot h} = \dot{\varphi}_r \tag{28a}$$

$$\dot{\varepsilon}_\vartheta = \frac{v_r}{r} = \frac{v_{Wz}}{2 \cdot h} = \dot{\varphi}_\vartheta \tag{28b}$$

$$\dot{\varepsilon}_z = \frac{v_z}{z} = - \frac{v_{Wz}}{h} = \dot{\varphi}_z \tag{28c}$$

$$\dot{\gamma}_{rz} = \frac{\partial v_r}{\partial z} + \frac{\partial v_z}{\partial r} = 0. \tag{28d}$$

Dieser analytische Ansatz zur Beschreibung der Geschwindigkeitsverteilung entspricht einer homogenen Umformung. Querschnittsverwölbungen bleiben unberücksichtigt.

Die Umformleistung setzt sich aus der ideellen Umformleistung P_{id} und der Reibleistung P_R zusammen. Nach Steck und Schmid [110] bzw. Burgdorf [111] lassen sich die Leistungsanteile mit folgenden Beziehungen berechnen:

$$P_{id} = \frac{2 \cdot k_f}{\sqrt{3}} \int_V \sqrt{I_2^{\dot{\varepsilon}}} \, dV \tag{29}$$

$$P_R = \int_{A_R} |\tau_R \, v_r| \, dA_R \tag{30}$$

Die 2. Invariante des Formänderungsgeschwindigkeitstensors in Gleichung (29) kann für rotationssymmetrische, torsionsfreie Umformungen beschrieben werden:

$$I_2^{\dot{\varepsilon}} = \frac{1}{2} (\dot{\varepsilon}_r^2 + \dot{\varepsilon}_\vartheta^2 + \dot{\varepsilon}_z^2) + \frac{1}{4} \dot{\gamma}_{rz}^2. \tag{31}$$

Für die ideelle Umformleistung gilt im allgemeinen rotationssymmetrischen Fall.

$$P_{id} = \frac{2 \cdot k_f}{\sqrt{3}} \int_V \sqrt{\frac{1}{2} (\dot{\varepsilon}_r^2 + \dot{\varepsilon}_\vartheta^2 + \dot{\varepsilon}_z^2) + \frac{1}{4} \dot{\gamma}_{rz}^2} \, dV \tag{32}$$

Da mit konstanter Umformgeschwindigkeit homogen gestaucht wird, ist $\dot{\varepsilon}$ eine über das Probenvolumen und über die Vorgangsdauer konstante Größe. Unter Berücksichtigung der Komponenten des Formänderungsgeschwindigkeitstensors gilt:

$$P_{id} = k_f \, \dot{\varepsilon}_z \, V \tag{33}$$

Für die nachfolgende Berechnung wurde die Probe in drei Bereiche aufgeteilt (Bild 17).

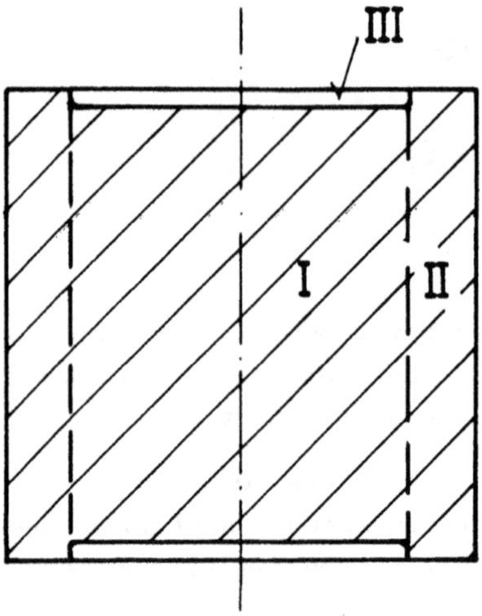

Bild 17: Aufteilung des Probenvolumens.

Bereich	Bezeichnung des Elements	Höhe	Halbmesser	
			außen	innen
Bereich I	Probenkern V_I	$h - 2 \cdot t$	$r_a - u$	0
Bereich II	Hüllrohr V_{II}	h	r_a	$r_a - u$
Bereich III	Schmiertasche V_{III}	t	$r_a - u$	0

Tabelle 3: Abgrenzung der Bereiche einer Stauchprobe.

Für die Bereiche I bis III erhält man durch Einsetzen der Volumenanteile die Umformleistung:

$$P_{idI} = k_f \, \dot{\varepsilon}_z \, \pi \, (r_a - u)^2 \, (h - 2 \cdot t) \quad (34)$$

$$P_{idII} = k_f \, \dot{\varepsilon}_z \, \pi \, [r_a^2 - (r_a - u)^2] \, h \quad (35)$$

$$P_{idIII} = k_{fWa} \, \dot{\varepsilon}_z \, \pi \, (r_a - u)^2 \, t \quad (36)$$

Nach Gleichung (30) berechnet sich die Reibleistung aus Reibschubspannung, Relativgeschwindigkeit und Reibfläche. Die Reibfläche kann in einen Bereich IV mit Grenzreibung und einen Bereich V mit hydrodynamischer Schmierung unterteilt werden. Beide Bereiche unterscheiden sich in der Ausbildung ihrer Oberfläche (Bild 18).

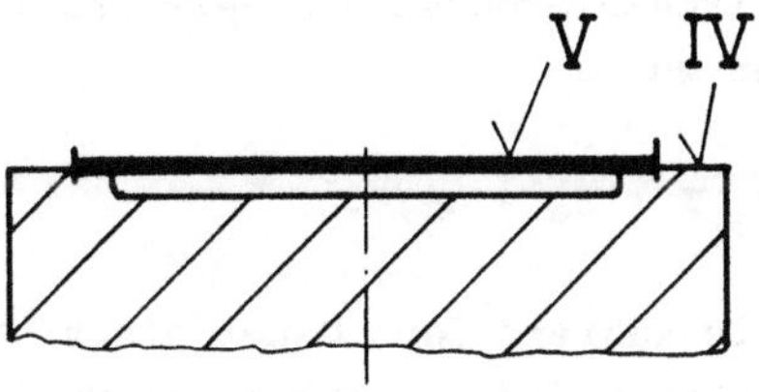

Bild 18: Aufteilung der Reibungsflächen im Stirnflächenbereich.

Der Bereich IV mit Grenzreibung wird beim Stauchen an der Oberfläche geglättet. Er umfaßt den äußeren Rand der Wulststirnfläche. Für diesen Bereich wurde Coulombsche Reibung angenommen

$$\tau_R = \mu \, \sigma_z. \qquad (37)$$

Für den Fall homogener Umformung gilt:

$$v_r = - \tfrac{1}{2} \, \dot{\varepsilon}_z \, r \qquad (38)$$

Damit kann die Reibleistung im äußeren Randbereich IV berechnet werden.

$$P_{RIV} = \mu \, k_f (-\tfrac{1}{2} \, \dot{\varepsilon}_z) \int_0^{2\pi} \int_{r_a - u_K}^{r_a} r^2 \, dr \, d\vartheta \qquad (39)$$

$$P_{RIV} = - \frac{1}{3} \, \mu \, k_f \, \dot{\varepsilon}_z \, \pi \, [\, r_a^3 - (\, r_a - u_K)^3] \qquad (40)$$

Die Stirnfläche der Schmiertasche sowie des inneren Teils der Wulststirnfläche werden hydrostatisch geschmiert mit freier Ausbildung der Oberfläche. Für diesen Bereich V ist die Scherfestigkeit des Wachses die maßgebliche Größe. Diese wurde mit der Fließbedingung von Tresca aus der Fließspannung abgeleitet

$$k_{Wa} = \frac{k_{fWa}}{2}.$$

Die Reibschubspannung im Schmierspalt entspricht der Scherfestigkeit des Schmierstoffes:

$$\tau_R = k_{Wa} . \tag{41}$$

Analog zu Gleichung (39) kann aus Gleichung (30) unter Berücksichtigung der geometrischen Grenzen des Bereichs V die Reibleistung berechnet werden zu

$$P_{RV} = -\frac{1}{3} k_{Wa} \dot{\varepsilon}_z \pi (r_a - u_K)^3 . \tag{42}$$

Um die Leistungsanteile während der Dauer eines Umformvorganges berechnen zu können, müssen die geometrischen Größen in Abhängigkeit vom Umformgrad beschrieben werden. Für homogene Umformung gilt:

$$\varphi = \ln \frac{h}{h_0} = 2 \cdot \ln \frac{r_0}{r} \tag{43}$$

daraus lassen sich folgende Beziehungen ableiten:

$$h = h_0 e^{\varphi} ; \quad r = r_0 e^{-\varphi/2}$$
$$t = t_0 e^{\varphi} ; \quad u = u_0 e^{-\varphi/2} .$$

Die Breite des geglätteten Teils am Rand der Wulststirnfläche u_K ist während des Umformvorganges konstant. Die Gesamtleistung wird schließlich aus der Summe der ideellen und der Reibleistungen berechnet.

$$P_{ges} = P_{idI} + P_{idII} + P_{idIII} + P_{RIV} + P_{RV} \tag{44}$$

Die erforderliche Stauchkraft F_z kann aus Umformleistung und der Werkzeuggeschwindigkeit berechnet werden.

$$F_{St} = \frac{P_{id} + P_R}{v_{wz}} \tag{45}$$

Bild 19 zeigt den auf diese Weise berechneten Kraft-Weg-Verlauf für das Stauchen einer konventionellen und einer modifizierten Zylinderprobe. Beim konventionellen Stauchen wurde im gesamten Stirnflächenbereich eine Reibungszahl μ = 0,1 angenommen. Der steile Kraftanstieg von F_{ges} resultiert aus der Fließbehinderung im gesamten Stirnflächenbereich sowie aus der Zunahme der Reibfläche bei großen Umformgraden.

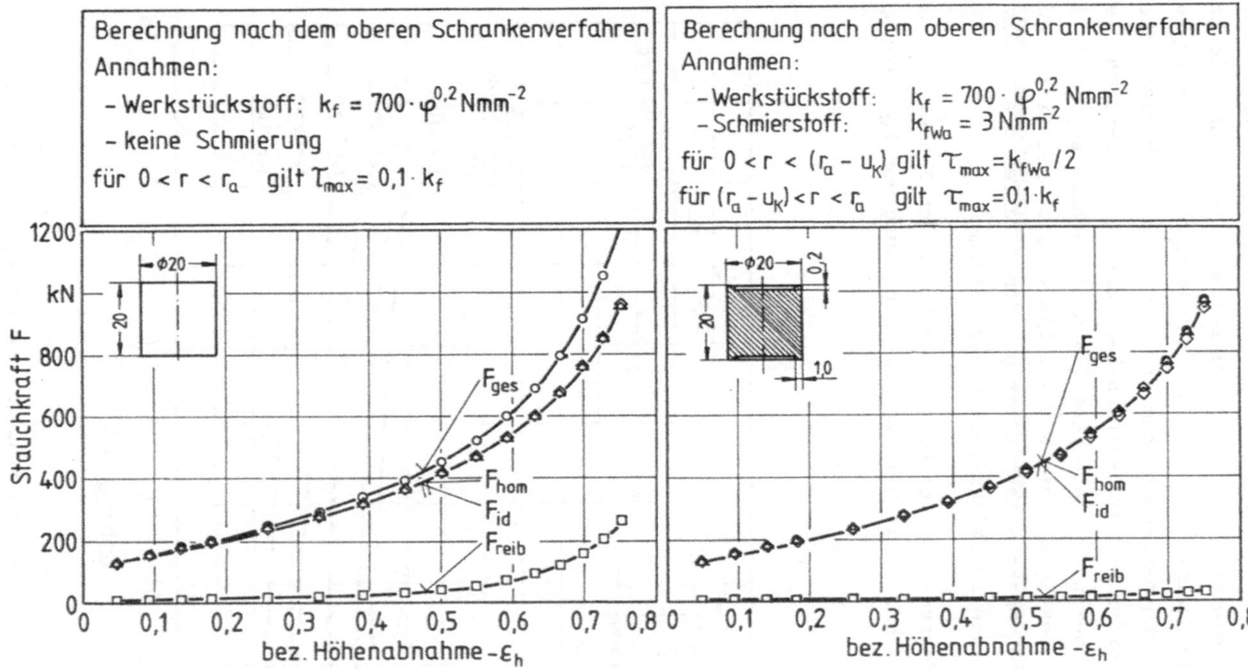

Bild 19: Verlauf der Stauchkraftanteile in Abhängigkeit von der bezogenen Höhenabnahme bei Stauchproben mit und ohne Schmiertaschen.

Beim Stauchen der Probe mit Schmiertaschen setzt sich die Reibung aus zwei Anteilen zusammen. Der äußere Rand u_k erfährt keine zusätzliche Schmierung. Hier gilt dieselbe Reibungszahl wie beim konventionellen Stauchen ($\mu = 0,1$). Der Bereich $0 < r < (r_a - u_K)$ ist dagegen hydrodynamisch geschmiert, so daß die Scherfestigkeit des Schmierstoffes für die Reibungsbehinderung maßgeblich ist. Aufgrund des geringen Flächenanteils ohne Schmierung und der geringen Scherfestigkeit des Wachses bleibt die Reibkraft auch bei großen Höhenabnahmen sehr niedrig. Damit fallen die Gesamtkraft und die ideelle Umformkraft quasi zusammen.

Zur besseren Beurteilung der hieraus entstehenden Fehler bei der Fließkurvenaufnahme zeigt Bild 20 die Abweichung von k_w, bezogen auf k_f.

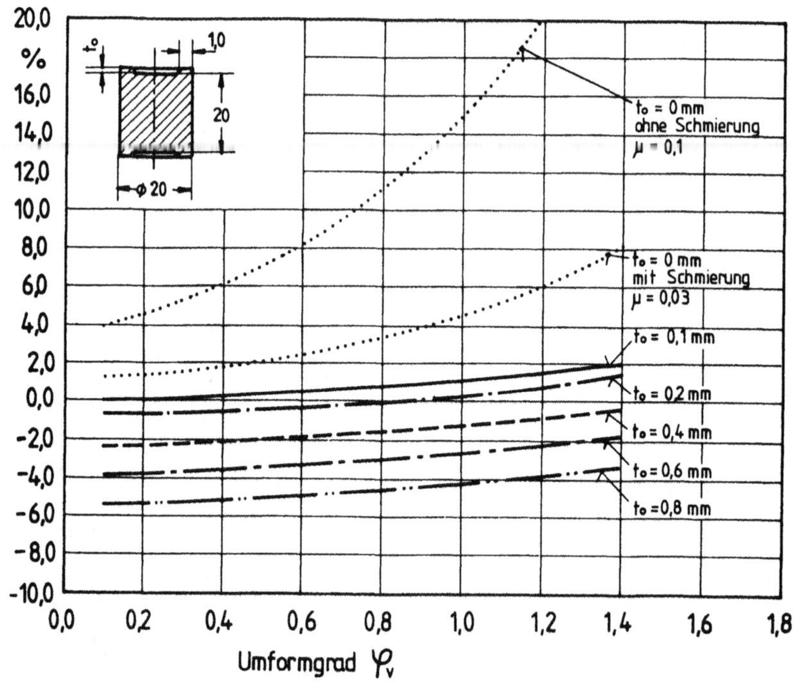

Bild 20: Abweichung des Umformwiderstandes k_w bezogen auf die Fließspannung k_f für unterschiedliche Wulsthöhen.

Beim konventionellen Stauchen ohne Schmierung (μ = 0,1) ergibt sich durch ausgeprägte Reibungsbehinderung eine starke Erhöhung des Umformwiderstandes gegenüber der Fließspannung. Für φ_v = 1,0 beträgt diese bereits 15% und steigt bei weiterer Umformung steil an. Durch gute Schmierung kann die Spannungserhöhung unter 5% bei φ_v = 1,0 reduziert werden.

Für Rastegaev-Proben mit Schmiertaschen ist einerseits die Spannungsverminderung durch den Volumenanteil des Paraffins, das eine relativ zum Probenwerkstoff kleine Fließspannung hat, andererseits auch die Reibungsbehinderung im Bereich der Wulststirnfläche berücksichtigt. Bei großen Wulsthöhen sind die berechneten Werte nur bedingt gültig, da hier keine homogene Umformung erwartet werden kann. Für kleine Wulsthöhen ist aber die Umformung relativ homogen, d.h. das Geschwindigkeitsfeld wirklichkeitsnah.

Bei einer Wulsthöhe von t_0 = 0,2 mm wird demnach bei kleinen Formänderungen der Umformwiderstand kleiner als die Fließspannung. Beim Stauchen äußert sich dies in einer Voreilung des Wulstes. Bei größeren Formänderungen wird k_w größer als k_f, was eine geringe Ausbauchung der Probe zur Folge haben müßte. Bei einem Umformgrad von φ_v = 0,8 fallen nach der Berechnung Umformwiderstand und Fließspannung zusammen. Für die Fließkurvenaufnahme bis φ_v = 1,4 reduziert sich der rechnerische Fehler auf ±1%. Bei t_0 = 0,1 mm müßte rein rechnerisch die radiale Voreilung des Wulstes entfallen, da bereits bei kleinen Umformgraden k_w und k_f zusammenfallen. Wird die Wulsthöhe vergrößert, führt dies zu einer Erniedrigung des Umformwiderstandes.

Bild 21 zeigt den berechneten Umformwiderstand für unterschiedliche Wulsthöhen in Abhängigkeit vom Umformgrad. Die Fließkurve verläuft im wesentlichen zwischen den Kurven t_0 = 0,1 mm und t_0 = 0,2 mm. Die Berechnung zeigt damit die gegenüber dem konventionellen Verfahren wesentlich bessere Annäherung an die Fließkurve beim Stauchen mit Schmiertaschen, was vor allem bei großen Umformgraden eine entscheidende Verbesserung erbringen kann. Eine günstige Probenform ist dann gegeben, wenn bis zum gewünschten Umformgrad die Stauchkrafterhöhung nicht größer wird als die Stauchkrafterniedrigung am Vorgangsbeginn. Für Proben mit einer Wulsthöhe von t_0= 0,2 mm ist dies bis zu einem Umformgrad

φ_v = 1,4 der Fall.

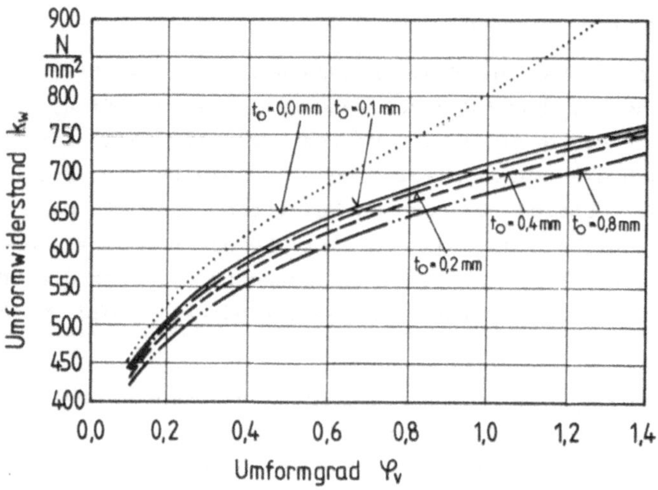

Bild 21: Umformwiderstand als Funktion des Umformgrades für unterschiedliche Wulsthöhen.

Die Berechnung nach der oberen Schranke hat ihre Grenzen darin, daß Fehler durch inhomogene Umformung nicht berücksichtigt werden. Solche Fehler ergeben sich vor allem durch das Ausknicken des Wulstes. Die Streubänder der Ergebnisse der Stauchversuche sind aus diesem Grund vermutlich größer als die berechneten.

4.3 <u>Finite-Elemente-Berechnungen</u>

Um das energetisch günstigste Geschwindigkeitsfeld berücksichtigen zu können, wurde von Wilhelm und Keck [112] der Stauchvorgang mit FEM berechnet. Das verwendete Rechenprogramm EPDAN berücksichtigt elastische und plastische Formänderungen sowie Reibungseffekte. Die Randbedingungen waren den vorangegangenen Berechnungen angepaßt. Das engmaschige Netz mit 981 Knoten beschreibt ein

Viertel des Probelängsschnitts (Bild 22). Exemplarisch wurden die Formänderungsverteilung ε_v sowie die Verteilung der Schubspannung τ_{rz} für zwei Höhenabnahmen ε_h = -0,25 und ε_h = -0,50 berechnet.

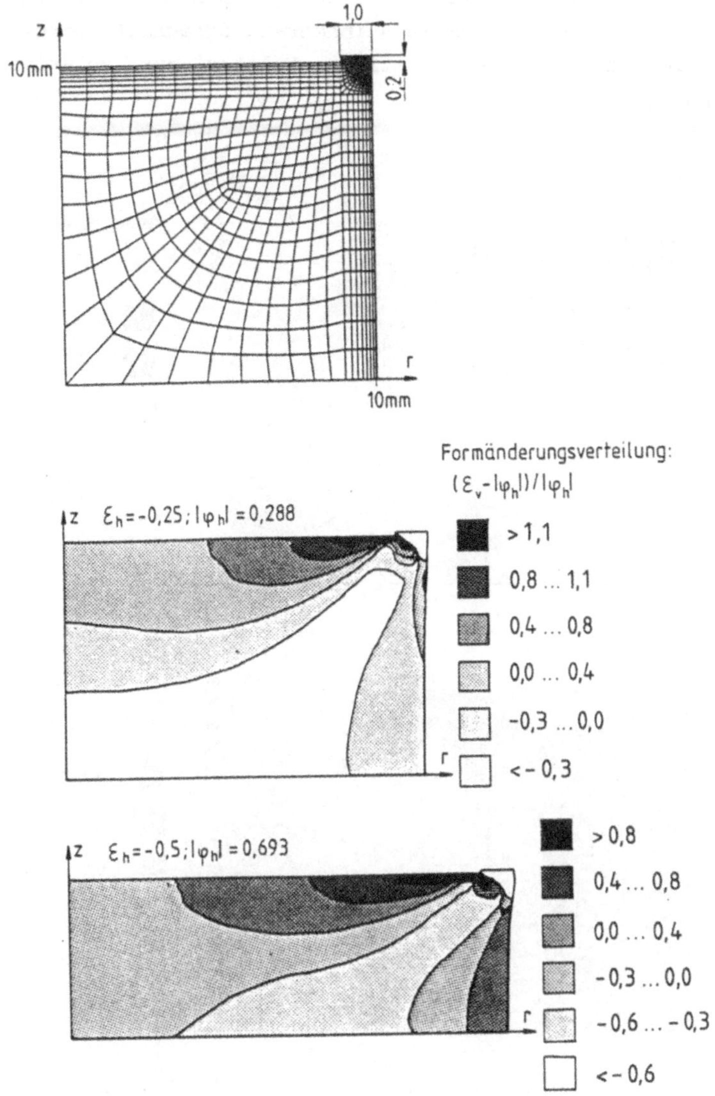

Bild 22: Berechnete Formänderungverteilung gestauchter Proben für ε_h = - 0,25 und ε_h = - 0,50 [113].

Die Kontur der gestauchten Probe weist eine geringe radiale Voreilung des Wulstes auf . Im wesentlichen bleibt sie jedoch zylindrisch. Die Formänderungen betragen größenordnungsmäßig ± 10% des Gesamtumformgrades. Der Probenkern ist weitgehend homogen umgeformt. Maximale Umformgrade sind im Übergang des Schmiertaschenbodens zum Wulstinnenrand errechnet worden (Bild 23), während ein großer Teil des Wulstes nur relativ gering verformt wurde.

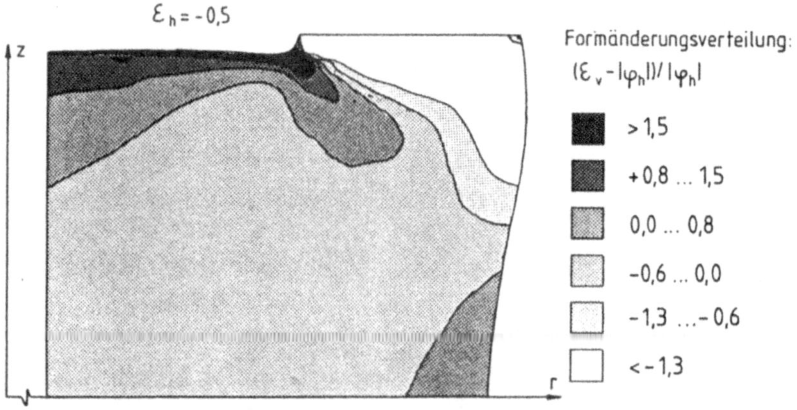

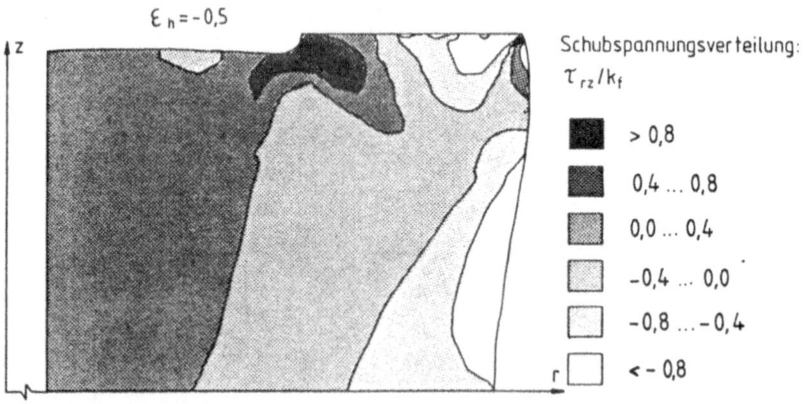

Bild 23: Lokale Formänderungsverteilung sowie Schubspannungsverteilung am Wulst für ε_h = - 0,50 [113].

Beim konventionellen Stauchen treten, bedingt durch die Fließbehinderung im Stirnflächenbereich, maximale Formänderungen im Bereich der Probenmitte sowie in der Diagonalen von der Probenkante zur Mitte hin auf. Bei der berechneten Formänderungsverteilung von Stauchproben mit Schmiertaschen ergab sich entsprechend den Reibungsannahmen ein Maximum oder ein Minimum. Stehen die Wulstabmessungen im richtigen Verhältnis zur Reibungsbehinderung, so ist die Umformung im Kern sehr homogen.

5 Experimentelle Untersuchungen

5.1 Versuchsaufbau

Die Stauchversuche wurden teils mit einer hydraulisch angetriebenen Zugprüfmaschine nach DIN 51221 [5], teils auch mit einer hydraulischen Presse ausgeführt. Beide Maschinen sind numerisch gesteuert und haben die Möglichkeit, den Stauchweg und die Vorgangsdauer frei zu wählen. Die Presse kann zusätzlich mit konstanter Umformgeschwindigkeit im Geschwindigkeitsbereich $\dot{\varphi} = 10^{-5}...10\ s^{-1}$ betrieben werden (siehe Abschnitt 5.3.2)[28].

Als Stauchwerkzeug wurde ein Säulenführungswerkzeug mit ebenen Stauchbahnen verwendet. Um gute Parallelität der Werkzeughälften zueinander zu gewährleisten, wurde das Werkzeug genau mittig in die Maschine eingebaut; das Werkzeugunterteil war am Pressentisch fixiert. Die Stauchkraft wurde mit einem am Stössel befestigten Dorn auf das Werkzeugoberteil übertragen. Damit war die Werkzeugführung von der Stösselführung entkoppelt. Der sorgfältige Einbau des Werkzeugs sowie die mittige Probenlage sind vor allem beim Stauchen schlanker Proben mit Schmiertaschen wegen der erhöhten Gefahr einer Instabilität der Proben [6] sehr wichtig.

Die Stauchbahnen aus 12%-igem Chromstahl (X155 CrVMo 12 1) waren in Anlehnung an [48] auf ca. 62 HRC gehärtet. Ihre Oberflächen wurden für tribologische Untersuchungen variiert. Für die Fließkurvenaufnahme waren sie mit Diamantpaste (Körnung 7 µm) poliert und hatten eine gemittelte Rauhtiefe $R_{ZDIN} \approx 0{,}5$ µm. Um möglicher Adhäsion vorzubeugen, wurden sie vor dem Einbau mit etwas Molykotepulver eingerieben. Für das Stauchen von Stahl hat sich eine keramische Beschichtung aus VTiCN 220 der Firma Keller-Verschleißschutztechnik, Schopfheim, als optimaler adhäsiver Schutz bis zu hohen Umformgraden herausgestellt. Hartmetallwerkzeuge wurden versuchsweise eingesetzt, erwiesen sich jedoch in tribologischer Hinsicht als ungünstig.

Der Meßaufbau [68] besteht aus sechs induktiven radial angeordneten Wegaufnehmern für die Durchmessermessung, einem weiteren axialen Wegaufnehmer sowie einer mit DMS bestückten Kraftmeßdose. Alle Sensoren sind möglichst dicht an der Wirkfuge in das Werkzeug eingebaut, um Fehler durch Massenkräfte und Auffederung zu minimieren. Die radialen Wegaufnehmer sind in einen Aufnehmerring eingesetzt, der mit kleinen Führungsbolzen und Schraubenfedern stets mittig zwischen Ober- und Unterwerkzeug zentriert wird. Damit ist sichergestellt, daß die Durchmessersensoren beim Stauchen ortsfest in halber Probenhöhe anliegen (Bild 24). Die Enden der Meßfühler sind flach, so daß die Messung gegen außermittige Positionierung unempfindlich ist. Je zwei gegenüberliegende Wegaufnehmer sind so gekoppelt, daß sich Durchmesseränderungen summieren und Außermittigkeiten kompensieren. Hierzu

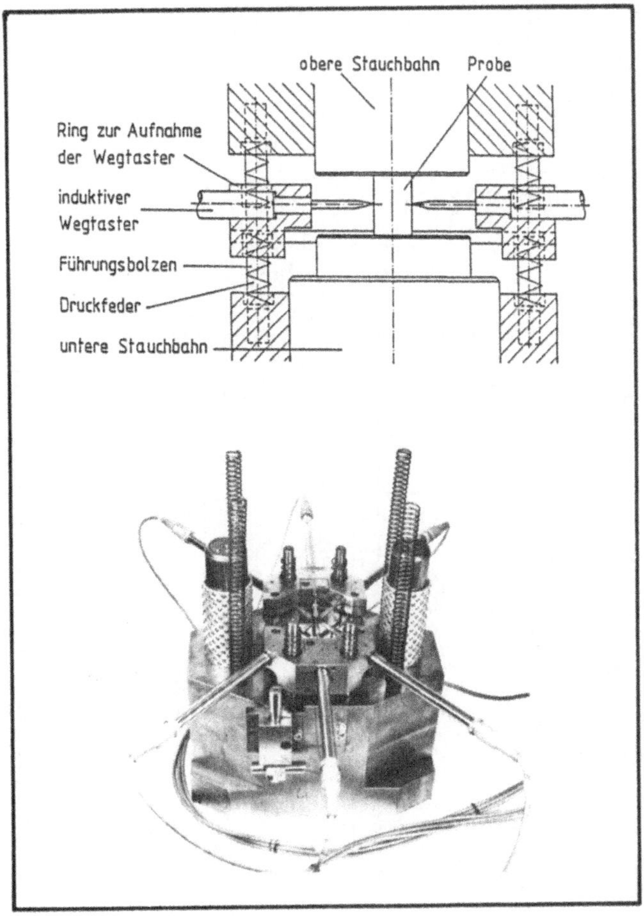

Bild 24: Meßvorrichtung zur kontinuierlichen Messung des Probendurchmessers während des Stauchens.

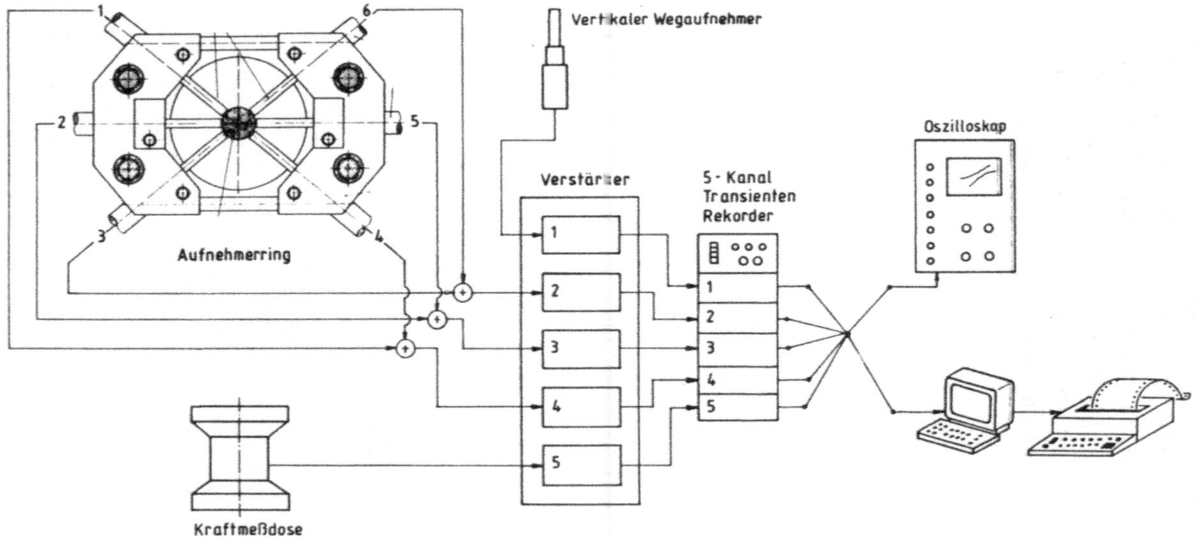

Bild 25: Versuchsaufbau zur Fließkurvenaufnahme.

waren Optimierungsarbeiten von Rasmussen [68] vorangegangen. Der Winkel zwischen den benachbarten Wegtastern beträgt 40° und 100°. Die radialen Wegaufnehmer haben einen Meßbereich von ±10 mm, der axiale Wegaufnehmer von ±20 mm.

Durch die gleichzeitige Erfassung von drei Durchmessern in unterschiedlichen Richtungen ist es möglich, entweder geringfügige Unrundheiten auszumitteln und damit unter Annahme rotationssymmetrischen Werkstoffverhaltens die Genauigkeit zu verbessern oder aber die Unrundheit zu messen und daraus unter vereinfachenden anderen Annahmen die plastische Anisotropie des Werkstoffs zu erfassen.

Die Meßsignale der drei Durchmesser werden gemeinsam mit denen für Stauchweg und Stauchkraft analog verstärkt, digitalisiert und im Transientenspeicher abgelegt. Von dort können sie an einen Tischrechner ausgelesen und in Fließkurven oder Anisotropiedaten umgerechnet werden (Bild 25).

5.2 Versuchsplan

Die Versuche wurden mit Zylinderstauchproben mit und ohne Schmiertaschen durchgeführt. Bei den Proben mit Schmiertaschen wurde die Breite des Wulstes im Bereich zwischen 0,5 mm und 2,0 mm sowie die Wulsthöhe im Bereich von 0,1 mm bis 0,8 mm variiert (Bild 26). Der Probendurchmesser wurde auf 20,0 mm festgelegt. Die Höhe der Proben betrug im Normalfall 20,0 mm zuzüglich der Wulsthöhe. Um den Einfluß des Schlankheitsgrades erfassen zu können, wurde das Verhältnis h_0/d_0 in den Schritten 0,7; 1,0; 1,2; 1,4 und 1,6 verändert. Um den Einfluß der Gesamtabmessungen erfassen zu können, wurden weiterhin Proben mit einem Durchmesser von 10 mm gestaucht.

Die nach der Berechnung optimalen Standardmaße für Proben mit Schmiertaschen sind d_0 = 20 mm, h_0 = 20,4 mm bei einer Wulstbreite u_0 = 1,0 mm und einer Wulsthöhe t_0 = 0,2 mm. Aufgrund der vorangegangenen Berechnungen dürfte diese Geometrie die besten Voraussetzungen für eine homogene Umformung und eine zuverlässige Fließkurvenaufnahme bieten.

Probenabmessungen

h_0	d_0	u_0	t_0	R_0
20,0	20,0	0,0	0,0	0,0
20,2	20,0	0,5	0,1	0,2
20,2	20,0	1,0	0,1	0,2
20,2	20,0	2,0	0,1	0,2
20,4	20,0	0,5	0,2	0,2
20,4	20,0	1,0	0,2	0,2
20,4	20,0	2,0	0,2	0,2
20,8	20,0	0,5	0,4	0,2
20,8	20,0	1,0	0,4	0,2
20,8	20,0	2,0	0,4	0,2
21,6	20,0	1,0	0,8	0,2
21,6	20,0	2,0	0,8	0,2

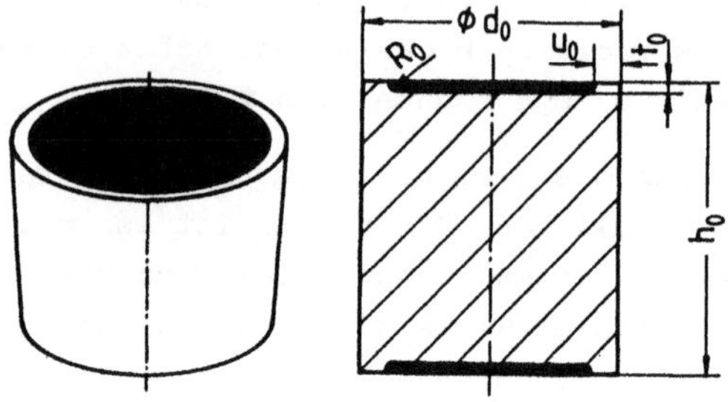

Werkstückwerkstoff: Ck 15 weichgeglüht
AlMgSi 0,5 weichgeglüht

Bild 26: Versuchsplan zur Optimierung der Schmiertaschengeometrie.

Von jeder geometrischen Variante wurden zur statistischen Absicherung mindestens drei Proben bis zu einem Umformgrad $\varphi_V = 1,0$ gestaucht. Um den Einfluß der Geometrie auf die Homogenität der Formänderung zu ermitteln, wurden die Stirnflächenprofile, die Mantelkonturen sowie exemplarisch die Rundheit erfaßt. Weiterhin wurde die Härte nach Vickers am Längsschnitt gestauchter Proben gemessen, um in Anlehnung an Wilhelm [113] von der Härteverteilung auf die Formänderungsverteilung schließen zu können. Nach Oberhoffer [114] geätzte Längsschliffe sollten den Faserverlauf in Innern der Probe sichtbar machen, ohne den Stofffluß durch Einfügen zusätzlicher Elemente zu verändern.

Nach der Optimierung der Probengeometrie wurde das Verfahren zur Fließkurvenaufnahme bis zu hohen Umformgraden eingesetzt. Hierbei wurden auch andere metallische Werkstoffe, wie Aluminium, Kupfer und deren Legierungen sowie höherlegierte Stähle mit ferritischem und austenitischem Gefüge untersucht.

Da sich die radialen Wegaufnehmer zur kontinuierlichen Unrundheitsmessung während des Stauchvorganges eignen, wurde an stark anisotropen Werkstoffen die Richtungsabhängigkeit der Verformungen erfaßt. Nach Schröder [83] zeigen stranggepreßte Werkstoffe mit hexagonaler Gitterstruktur eine ausgeprägte plastische Anisotropie. Deshalb wurden die Anisotropiemessungen mit quer entnommenen Stauchproben aus Titan, Magnesium und Zink durchgeführt. Die Probengeometrie entsprach der oben genannten Standardabmessung.

Um eine Aussage über die Richtungsabhängigkeit des Werkstoffverhaltens machen zu können, war es erforderlich, die Fließkurven in unterschiedlichen Richtungen zur Faserachse zu bestimmen. Die zur strengen Beschreibung der plastischen Anisotropie erforderliche Fließortkurve wurde jedoch lediglich qualitativ mit Knoop-Härtemessungen bestimmt. Die Messung der Texturen der untersuchten Werkstoffe sollte einen Vergleich des plastischen Werkstoffverhaltens mit der kristallographischen Anisotropie ermöglichen.

5.3 <u>Vorgangsbeschreibung</u>

5.3.1 <u>Ermittlung der Reibungszahl</u>

Da die Homogenität der Umformung beim Stauchen von Rastegaev-Proben entscheidend von den tribologischen Randbedingungen beeinflußt wird (siehe Kap. 4), wurde der Einfluß der Werkzeugoberflächengestalt sowie des Werkstückwerkstoffes auf die Reibungszahl μ untersucht.

Zur Ermittlung der Reibungszahl stellt der Ringstauchversuch nach Burgdorf [111] ein einfaches Verfahren dar, bei dem die tribologischen Beanspruchungsgrößen Oberflächenvergrößerung, Relativbewegung und Flächenpressung dem realen Stauchversuch sehr ähnlich sind [115].

Ausgangsteil für den Ringstauchversuch ist ein zylindrischer Körper mit kreisförmigem Querschnitt. Die Probe mit den Ausgangsabmessungen h_0= 6,8 mm, d_a= 19,5 mm, d_i= 10,5 mm, wird zwischen ebenen parallelen Stauchbahnen axial gestaucht. Dabei können allein aus den Änderungen der geometrischen Abmessungen, insbesondere aus der Änderung des Innendurchmessers, Aussagen über die herrschenden Reibverhältnisse gemacht werden [111]. Eine Messung der Preßkraft ist für die Bestimmung der Reibungszahl im Ringstauchversuch nicht notwendig.

Durch Flachschleifen, Schmirgeln und Polieren wurden unterschiedliche Oberflächenzustände bewußt erzeugt. Die beschichteten Stauchbahnen hatten eine keramische Auflage TiCNV 220 mit einer Dicke von 7 µm. Die Rauhheitswerte wurden mit einem Universal-Oberflächenmeß- und Auswertegerät nach dem Tastschnittverfahren erfaßt und daraus die gemittelte Rauhtiefe R_{ZDIN} sowie die gemittelte Glättungstiefe R_{pm} nach DIN 4768/1 und DIN 4762/1 berechnet.

Oberflächen-bearbeitung	R_{ZDIN} [µm]	R_{pm} [µm]
Flachgeschliffen	1,3	0,6
Naßgeschmirgelt	0,3	0,05
Poliert	0,08	0,02
Beschichtet	0,4	0,12

Tabelle 4: Untersuchte Werkzeugoberflächen mit Rauhheitsangaben.

Zur Reibungszahlermittlung wurden Proben aus Ck 15 im entfetteten Zustand sowie mit Paraffinschmierung gestaucht und nach [111] ausgewertet. Bild 27 zeigt die aus den sechs Stauchstufen gemittelte Reibungszahl in Abhängigkeit von der gemittelten Rauhtiefe R_{ZDIN}.

Beim Ringstauchen mit Schmierung wurden Reibungszahlen zwischen $\mu = 0{,}03$ und $\mu = 0{,}06$ gemessen, wobei mit zunehmender Rauheit des Werkzeuges auch eine höhere Reibungsbehinderung beobachtet wurde. Beim Stauchen ungeschmierter entfetteter Proben war der Einfluß der Werkzeugoberfläche noch auffallender. Werkzeuge mit geschliffener und naßgeschmirgelter Oberfläche wiesen eine hohe Reibungsbehinderung mit Reibungszahlen bis $\mu = 0{,}35$ auf, während dieselbe mit einer Politur auf $\mu < 0{,}1$ vermindert werden konnte. Die untersuchte CVD-Beschichtung hatte im Vergleich dazu eine große Rauheit $R_z = 0{,}4$ µm, zeigte aber sowohl güstigere tribologische Eigenschaften als auch einen Schutz gegen Adhäsion insbesondere bei Stahlwerkstoffen.

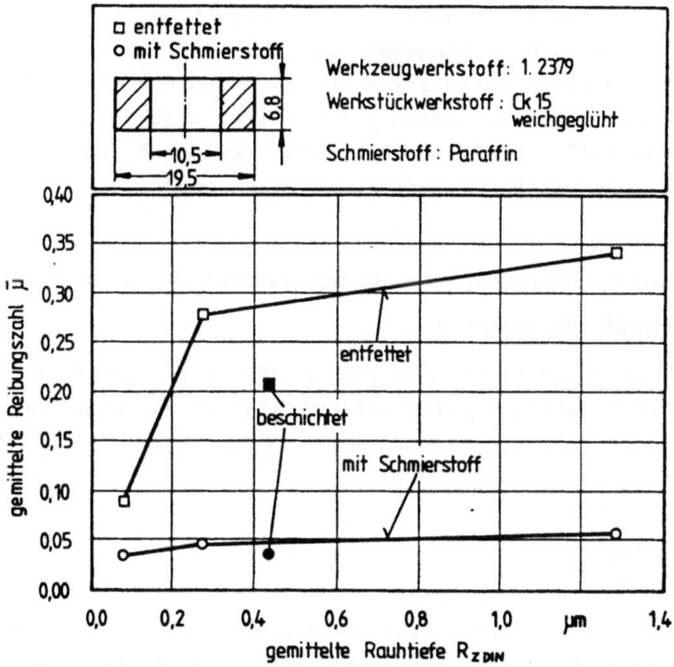

Bild 27: Im Ringstauchversuch ermittelte Reibungszahlen für unterschiedliche Oberflächen.

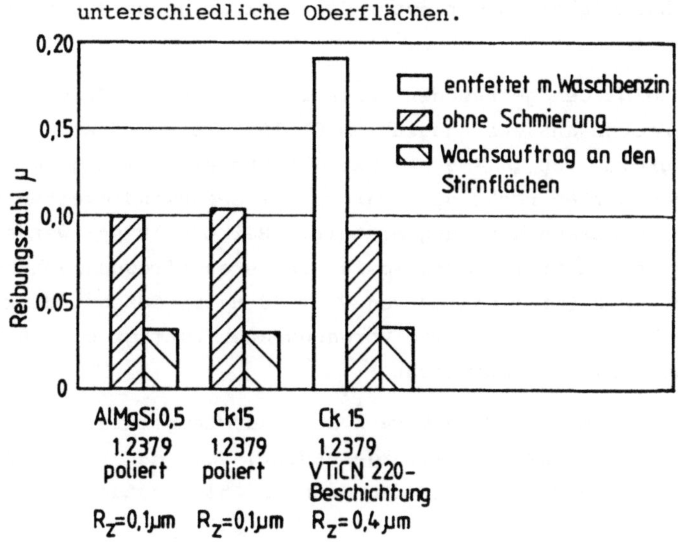

Bild 28: Im Ringstauchversuch ermittelte Reibungszahlen für unterschiedliche Werkstoffe.

Wird nicht geschmiert, aber auf die Entfettung verzichtet, so reduziert sich die Reibungszahl auf etwa die Hälfte. Bild 28 zeigt gemittelte Reibungszahlen für das Stauchen von AlMgSi 0,5 und Ck 15. Die Werkzeuge waren poliert bzw. beschichtet. In allen untersuchten Fällen stellten sich ohne Schmierung Reibungszahlen von $\mu \approx 0{,}1$ und mit Paraffinschmierung von etwa 0,03 ein.

5.3.2 Umformgeschwindigkeit

Das Stahl-Eisen-Prüfblatt 1123 [48] empfiehlt, zur Fließkurvenaufnahme mit konstanter Umformgeschwindigkeit zu stauchen. Nach [1] kann die Umformgeschwindigkeit folgendermaßen beschrieben werden:

$$\dot{\varphi} = \frac{v_{WZ}}{h} \quad . \tag{46}$$

Zur Konstanthaltung von . war von Haller [28] für die hydraulische Presse ein Steuerprogramm für den servohydraulischen Antrieb entwickelt worden, mit dem vor allem kleine und mittlere Umformgeschwindigkeiten mit guter Genauigkeit angesteuert werden können.

Bild 29 zeigt den gemessenen Verlauf von . beim Stauchen von Rastegaev-Proben aus weichgeglühtem Ck 15. Bis zu einer Umformgeschwindigkeit von $\dot{\varphi} \approx 5\ s^{-1}$ war die Übereinstimmung mit den vorgegebenen Werten recht gut. Für höhere Geschwindigkeiten wurde der Verlauf gemessen und ausgemittelt. Bei $\dot{\varphi} = 10\ s^{-1}$ werden die Auswirkung des Auftreffstoßes sowie die steuerfrequenzabhängigen Schwankungen des Servoventils von $\nu = 50$ Hz im Geschwindigkeitsverlauf sichtbar. Die gesamte Vorgangsdauer beträgt ca. 0,1 s, was fünf Regelzyklen entspricht.

Für die Aufnahme von Fließkurven bei Raumtemperatur wird mit kleiner Umformgeschwindigkeit gestaucht, so daß während des gesamten Umformvorganges $\dot{\varphi}$ in den Grenzen ±5% konstant bleibt.

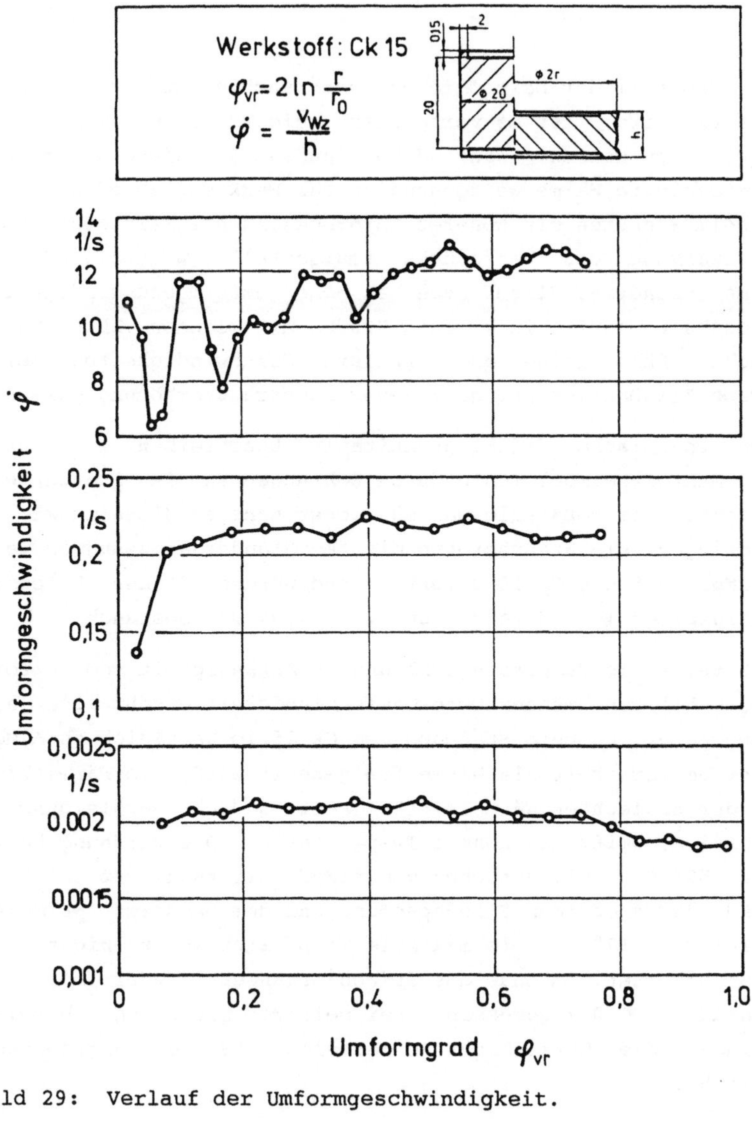

Bild 29: Verlauf der Umformgeschwindigkeit.

5.3.3 Temperaturmessung

Die für einen Umformvorgang benötigte Kraft bzw. Arbeit hängt von der Temperatur des Werkstücks ab. Mit steigender Temperatur sinken die erforderlichen Spannungen mit Ausnahme des Bereiches der Blausprödigkeit der bei dieser Untersuchung nicht erreicht wird.

Da der Großteil der beim Umformen verbrauchten Arbeit als Wärme freigesetzt wird, ist es vorteilhaft, die Wärme- und Temperaturentwicklung zu kennen. Während bei langsam ablaufenden Vorgängen die freigesetzte Wärme weitgehend an das Werkzeug abgeführt wird, kann beim Stauchen mit höherer Umformgeschwindigkeit eine spürbare Erwärmung des Werkstücks festgestellt werden. Für die Aufnahme isothermer Fließkurven bei hohen Umformgeschwindigkeiten wird deshalb häufig in kleinen Stufen mit langen Abkühlpausen gestaucht. Für kleine und mittlere Geschwindigkeiten werden polytrope Fließkurven bei geringerer Temperaturerhöhung gemessen.

Um den thermischen Effekt quantitativ beschreiben zu können, wurden Mantelthermoelemente durch Bohrungen in die Stauchproben eingesetzt. Die Meßstelle war möglichst nahe am Mittelpunkt der Probe gelegen. Die Stauchproben mit den Standardabmessungen waren aus AlMgSi 0,5 und Ck 15 gefertigt und wurden mit den Umformgeschwindigkeiten $\dot{\varphi}$ = 0,04 s^{-1} und $\dot{\varphi}$ = 0,004 s^{-1} gestaucht.

Bild 30 zeigt die Temperaturerhöhung in Abhängigkeit vom Umformgrad φ_V. Mit zunehmender Umformgeschwindigkeit erhöht sich auch die Temperatur. Da beim Stauchen von Ck 15 im Vergleich zu AlMgSi 0,5 mehr Umformarbeit als Wärme freigesetzt wird, die Wärmeabfuhr wegen der schlechten Wärmeleitfähigkeit jedoch vergleichsweise geringer ist, mißt man höhere Temperaturen. Die Erhöhung betrug bis zu 50° C. Beim Stauchen von AlMgSi 0,5 reduziert sich $\Delta\vartheta$ aufgrund der niedrigen Fließspannung und der besseren Wärmeleitung auf ca. 17° C. Die maximale Temperatur wurde nicht, wie zunächst erwartet, am Ende des Stauchvorganges, sondern bei einem Umformgrad $\varphi_V \approx 0,7$ gemessen. Bei weiterer Stauchung überwiegt anscheinend die Wärmeabfuhr an der sich ständig vergrößernden Stirnfläche.

Nimmt man eine homogene Temperaturverteilung in der Probe an, wobei die wachsgefüllten Schmiertaschen eine thermische Isolationsschicht zum Werkzeug bilden, so ist an der Kontaktfläche zwischen Wachs und Werkstück damit zu rechnen, daß der Schmierstoff verflüssigt. Die Scherfestigkeit des Wachses wird zu null. Der Stauchvorgang ist im Bereich des Schmiertaschenbodens somit reibungsfrei.

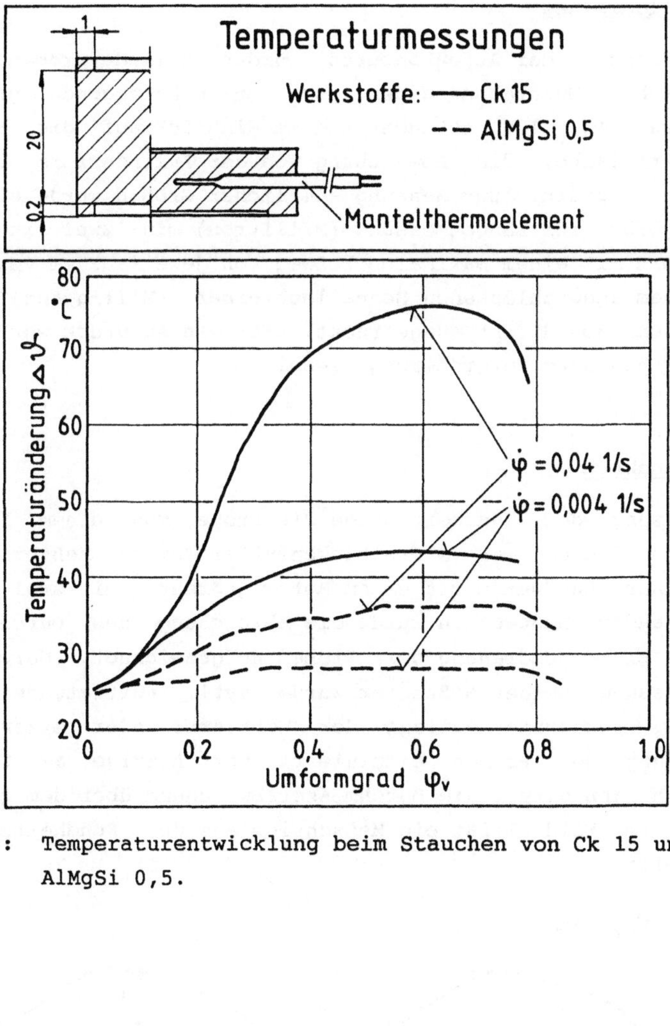

Bild 30: Temperaturentwicklung beim Stauchen von Ck 15 und AlMgSi 0,5.

6 Stoffflußbetrachtungen

6.1 Ermittlung der Probenkontur

6.1.1 Allgemeines

Zur Erfassung der Außenkonturen wurden Zylinderproben unterschiedlicher Wulstabmessungen und Schlankheitsgrade bis zum Umformgrad φ_v = 1,0 gestaucht und im Hinblick auf die Ebenheit der Stirnfläche, die Abweichung von der Zylinderform und die Rundheit geprüft. Zur Messung sämtlicher Größen wurde ein Kompaktmeßgerät für Längenmessung (Millitron) mit zwei induktiven Meßtastern mit einem maximalen Meßweg von jeweils 2 mm verwendet. Mit einem angeschlossenen Schnellschreiber (Milligraph) wurden die Meßschriebe direkt ausgedruckt. Für den Ausdruck wurde eine 10- oder 50-fache Vergrößerung gewählt.

6.1.2 Rundheit

Zur Messung der Rundheit wurde die Probe von einem Magneten gehalten. Dieser war im Dreibackenfutter einer Meßvorrichtung eingespannt und wurde mit einem Motor gedreht. Mit zwei gegenüberliegenden Meßtastern wurde die Abweichung des Durchmessers während einer Umdrehung der Probe aufgezeichnet. Durch eine Summenmessung beider Meßtaster wurden evtl. auftretende Fehler wie z.B. schlechte Auflage der Wegtaster oder exzentrische Aufspannung der Proben eliminiert. Der Anzeige am Meßgerät entsprach dann direkt die Durchmesserabweichung über dem gesamten Umfang. Im Bild 31 ist ein Meßschrieb aus der Rundheitsprüfung dargestellt.

Bild 31: Meßschrieb aus der Rundheitsprüfung.

Daraus ist deutlich ersichtlich, daß die Querschnittsfläche der

Probe nach dem Stauchen bei allen Werkstoffen nicht mehr kreisförmig ist. Die Unrundheit gestauchter Proben steigt mit zunehmender Umformung an. Der Stufenstauchversuch ergab eine Proportionalität von Umformgrad und Rundheitsabweichung (Bild 32). Für φ_v = 1,0 beträgt der Fehler d_{max} - d_{min} etwa 0,22 mm.

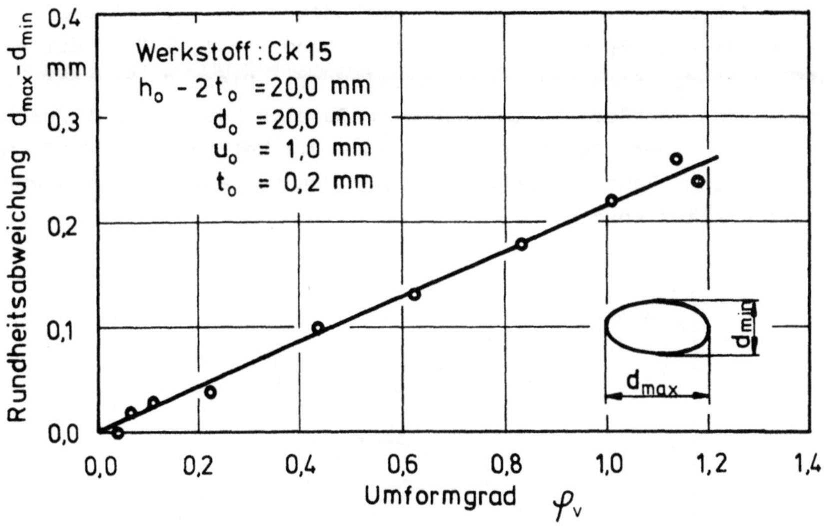

Bild 32: Einfluß des Umformgrades auf die Rundheitsabweichung.

Der Einfluß der Wulstabmessung auf die Rundheitsabweichung ist bei einem Umformgrad φ_v = 1,0 sehr uneinheitlich. Die gemessenen Fehler betrugen 0,2 mm bis 0,6 mm. Beim Stauchen von Proben mit breiten Wülsten war er durchweg am niedrigsten.

Das Prüfen von Proben unterschiedlicher Schlankheitsgrade mit Standardwülsten (1,0 mm / 0,2 mm) ergab im Bereich h_0 = 10 mm bis 32 mm keinen wesentlichen Einfluß des Schlankheitsgrades auf die Unrundheit. Die Rundheitsabweichung blieb im Streuband zwischen 0,2 mm und 0,3 mm.

Aus der maximalen Unrundheit von 0,6 mm resultiert eine Unsicherheit $\Delta\varphi$ bei Messung eines Durchmessers von 3,5% bei φ_v = 1,0, welche durch die Mittelwertbildung zweier orthogonal zueinander liegender Meßpunkte ausgeglichen werden kann. Für Proben mit breitem Wulst reduziert sich die Meßunsicherheit auf $\Delta\varphi$ = 0,015.

6.1.3 Stirnfläche

Die Ebenheit der gestauchten Proben wurde mit einem Meßtaster erfaßt, der mit einem Stativ ortsfest war, während die Probe auf einem motorisch angetriebenen Schlitten bewegt wurde.

Beim Stauchen der Standardprobe in Stufen (Bild 33) zeigt das Stirnflächenprofil im Schmiertaschenboden einen Anstieg der Ebenheitsabweichung F_E bis zu einem Umformgrad von $\varphi_V \approx 0,7$, der sich beim weiteren Stauchen wieder vermindert. Diese Unebenheit ist durch eine größere Höhenabnahme im Bereich der Symmetrieachse verursacht. Der Maximalwert bei $\varphi_V \approx 0,7$ beträgt ca. 0,07 mm. Dieser Effekt kann möglicherweise mit den mechanischen Zusammenhängen erklärt werden.

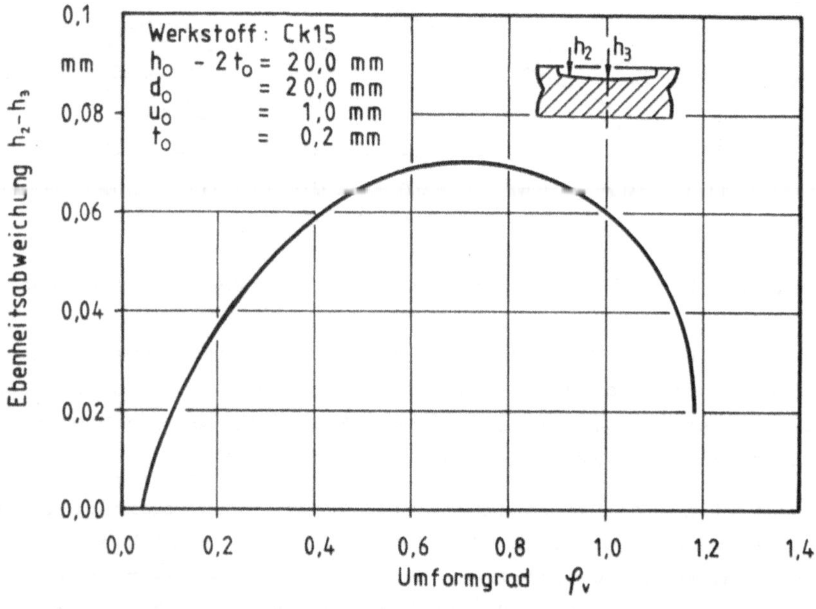

Bild 33: Einfluß des Umformgrades auf die Ebenheitsabweichung.

Bei kleinen und mittleren Umformgraden überwiegt die vom Innendruck der Schmiertasche ausgehende Radialkraft und führt zur radialen Voreilung des Wulstes. Dadurch werden aber auch radiale und tangentiale Zugspannungen induziert [30], welche die Einsattelung hervorrufen können.

Bei großen Umformgraden sinkt die Radialkraft mit abnehmender Wulsthöhe, während die Reibungsbehinderung ansteigt. Dabei werden radiale Druckspannungen auf den Probenkern wirksam. Die Einsattelung baut sich mehr und mehr ab, was bei großen Höhenabnahmen zu einem konvexen Schmiertaschenprofil führen kann.

Durch Variation von Wulstbreite und Wulsthöhe war es möglich, den Spannungszustand so gezielt zu beeinflussen,daß ein nahezu ebener Schmiertaschenboden erreicht wurde (Bild 34). Je höher der Wulst umso höher sind die im Schmiertaschenbereich induzierten Zugspannungen und damit die Einsattelung. Bei einem schlanken Wulst ist diese Erscheinung stärker ausgeprägt als bei einer flachen Form. Möglicherweise werden durch das Umknicken zusätzliche Zugspannungen an der Wulstinnenwand induziert, welche bis in den Schmiertaschenboden hinein ausstrahlen und dadurch die Ausbildung der

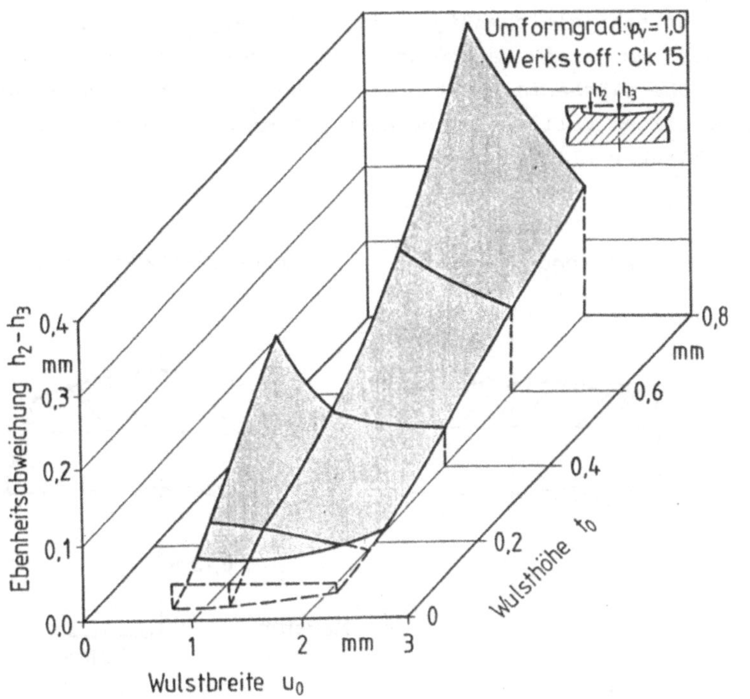

Bild 34: Einfluß der Wulstabmessungen auf die Ebenheitsabweichung.

Sattelform begünstigen. Bei einer Wulsthöhe t_0 = 0,15...0,2 mm wird die Ebenheitsabweichung minimal. Das bedeutet entsprechend den Annahmen, daß hier die Radialkraft der Reibungskraft entspricht. Für kleinere Wulsthöhen kommt es zu konvexen Bodenformen.

Bild 35 zeigt die Stirnflächenprofile von Stauchproben mit optimierter und ohne Schmiertasche. Zur Veranschaulichung der Ebenheitsabweichung sind die Meßschriebe in axialer Richtung im Vergleich zur radialen Richtung 100-fach vergrößert. Die konventionelle Probe weist wegen der glockenförmigen Normalspannungsverteilung und der daraus resultierenden Werkzeugverformung ein konvexes Stirnflächenprofil mit einer Ebenheitsabweichung F_E = 0,04 mm auf. Beim Stauchen von Rastegaev-Proben treten geringere Normalspannungen auf, wodurch sich die Werkzeugauffederung reduziert. Die Stauchkraft wird weiterhin über ein Druckpolster auf die Probe aufgebracht. Die Normalspannungsverteilung ist damit sehr gleichmäßig. Die Probe zeigt außer guter Planheit F_E = 0,02 mm eine weitgehend frei umgeformte Stirnfläche mit großer Oberflächenrauhheit. Die Berührfläche beschränkt sich im dargestellten Fall auf einen etwa 0,1 mm breiten Rand mit metallisch blanker Fläche.

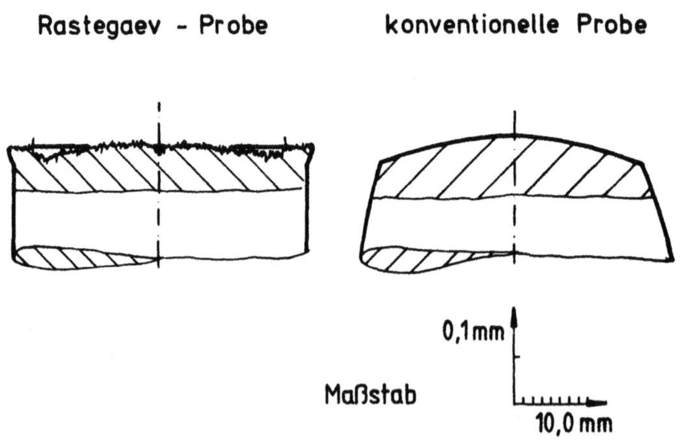

Bild 35: Stirnflächenkonturen gestauchter Proben bei φ_V = 1,0.

6.1.4 Mantelfläche

Zum Ausmessen der Mantellinie war der Meßaufbau derselbe wie bei der Erfassung des Stirnflächenprofils. Die Proben wurden in ihrer Halterung so fixiert, daß sie sich axial zum Meßtaster bewegten, während dieser die Mantelfläche abtastete.

Voraussetzung für eine makroskopisch homogene Umformung ist, daß die Probe während des gesamten Vorgangs zylindrisch bleibt. Um eine Aussage über die Homogenität der Umformung machen zu können, wurden die Mantellinien für alle verwendeten Probentypen ausgemessen. Hierbei kristallisierten sich drei Konturtypen heraus (Bild 36). Ein zu kleiner Wulst führt zur Ausbauchung, während ein zu großer Wulst eine konkave Mantelform erzeugt. Das günstigste ist die Mischform, wobei es gilt, hierbei F_M zu minimieren. Ist der Wulst zu schlank dimensioniert, so knickt er vollständig um. Dabei verläßt ein großer Teil des Schmierstoffs die Schmiertasche, so daß sich das Probenvolumen ändert. Derartige Verformungen sind für die Fließkurvenaufnahme unzulässig.

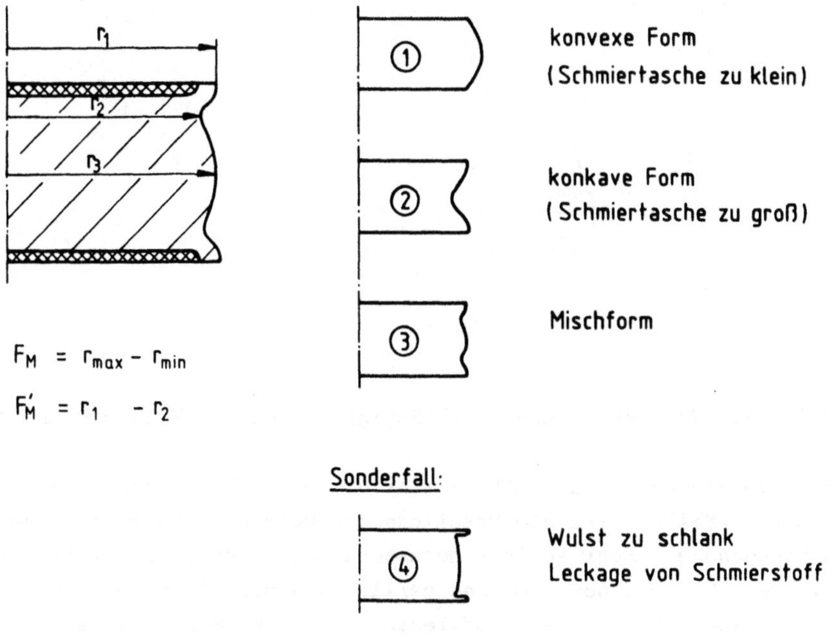

Bild 36: Konturtypen gestauchter Proben.

Für die Optimierung der Mantelkontur wurden Proben mit unterschiedlichen Wulstabmessungen bis zu einem Umformgrad φ_V = 1,0 gestaucht und in der beschriebenen Weise vermessen.

Bild 37 zeigt den Einfluß von Wulstbreite und Wulsthöhe auf die Voreilung des Wulstes gegenüber der Probenmitte. Die Wulstbreite wurde zwischen 0,5 mm und 2,0 mm, die Wulsthöhe zwischen 0,1 mm und 0,2 mm variiert. In allen Fällen war die Radialbewegung am Wulst größer als in der Probenmitte.

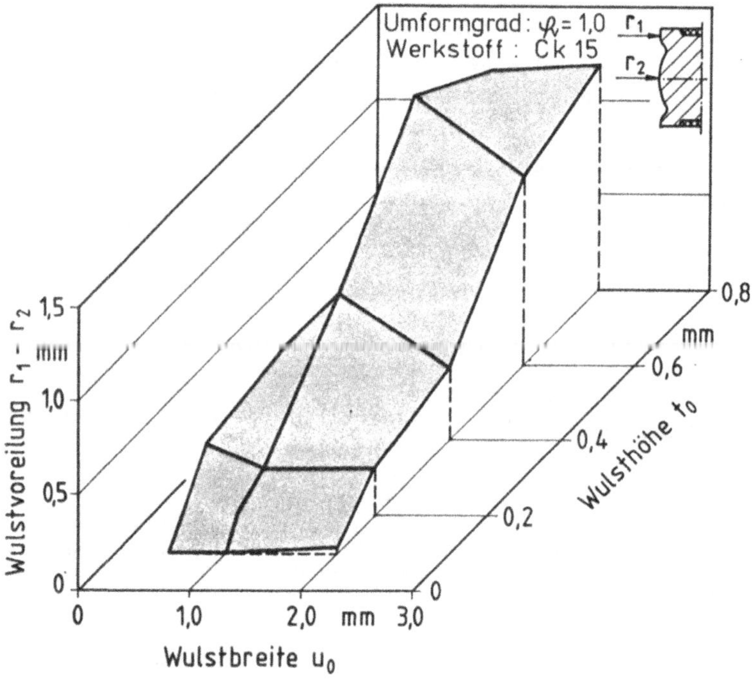

Bild 37: Wulstvoreilung in Abhängigkeit von der Wulstabmessung.

Mit zunehmender Wulsthöhe steigt dieser Fehler stark an. In manchen Fällen war die Voreilung des Wulstes größer als seine Ausgangshöhe. Sehr schlank bemessene Wülste knicken bereits bei kleinen Stauchungen um und verlieren damit ihre Wirkung als Schmierstoffdamm. Das Abfließen des Schmierstoffs führt zu schlechter Schmierung im Stirnflächenbereich. Die Probe baucht aus, wodurch sich das Maß der Wulstvoreilung reduziert. Durch die Wahl eines breiten Wulstes wird der betrachtete Konturfehler reduziert, da der breitere Wulst biegesteifer gegen radiales Ausknicken ist. Für kleine Wulsthöhen erkennt man einen nur geringen Einfluß der Breite des Wulstes auf seine Voreilung.

Die radiale Druckkraft und die Reibkraft scheinen sich im Gleichgewicht zu befinden, so daß das Biegemoment am Wulst nur gering ist und damit auch die Wulstbreite nur untergeordnete Bedeutung hat. Als optimal erwies sich im Bezug auf die Voreilung des Wulstes ein Wulst mit 0,1 mm Höhe und einer Breite von 1,0 mm oder darüber. Diese Aussage ist jedoch nur in Verbindung mit polierten Werkzeugen gültig. Vergleichsweise wurden Proben unterschiedlicher Wulstabmessungen aus Ck 15 mit geschliffenen Werkzeugen gestaucht (Bild 38). Für beide Werkzeugoberflächen ergab sich dieselbe Tendenz jedoch bei unterschiedlicher Wulsthöhe. Für das geschliffene Werkzeug ergab sich die homogenste Umformung für t_0 = 0,4 mm und damit drei- bis viermal so hohe Wülste wie beim Stauchen zwischen polierten Bahnen.

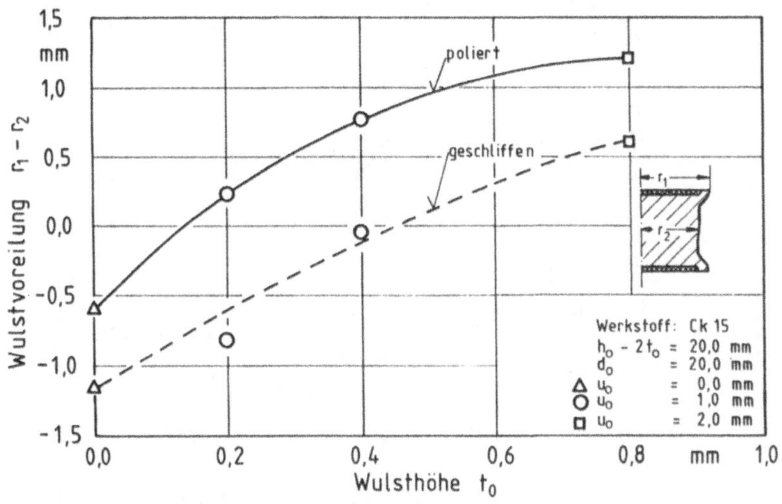

Bild 38: Wulstvoreilung beim Stauchen mit geschliffenen und polierten Werkzeugen.

Um den Einfluß der Probenausgangshöhe auf die Ausbildung der Mantelkontur zu ermitteln, wurden Standardproben mit unterschiedlichem Schlankheitsgrad hergestellt und gestaucht bis zu einem Umformgrad φ_V = 1,0.

Die örtlichen Formänderungen im Bereich des Wulstes waren unabhängig von der Probenhöhe. Dafür konnte mit zunehmender Schlankheit der Probe eine Zunahme der Ausbauchung festgestellt werden. In der Darstellung im Bild 39 kommt dies darin zum Ausdruck, daß die Wulstvoreilung mit zunehmender Probenhöhe abnimmt, während der Mantelkonturfehler F_M konstant bleibt.

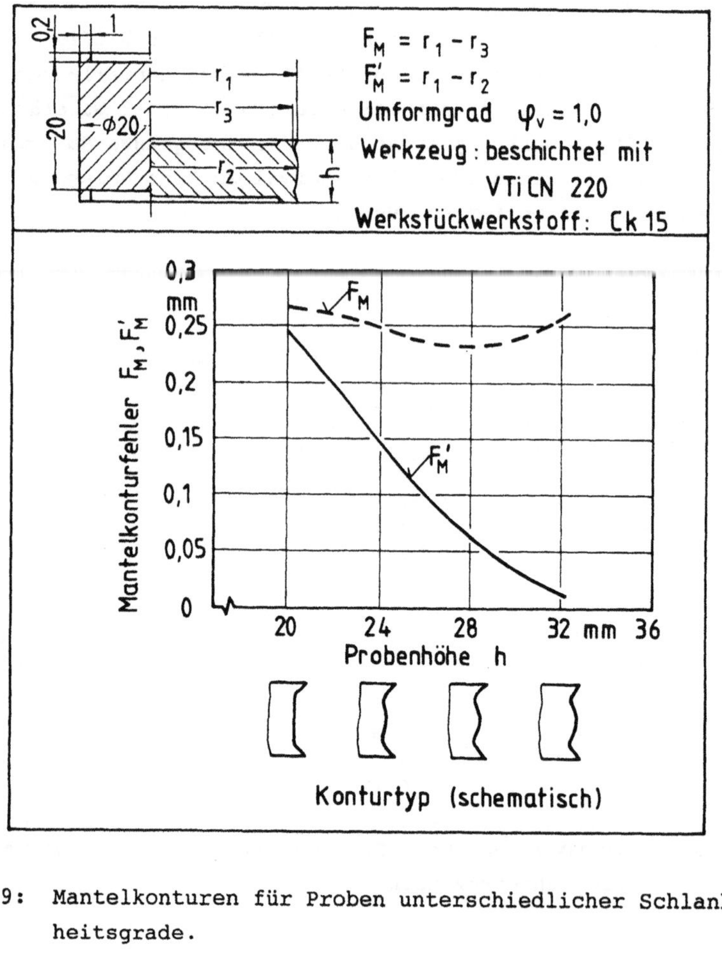

Bild 39: Mantelkonturen für Proben unterschiedlicher Schlankheitsgrade.

Der Mantelkonturfehler ist durch das Ausknicken des Wulstes bestimmt. Da breite Wülste biegesteifer sind, ergeben sie einen geringeren Mantelkonturfehler. Bei Stufenstauchversuchen von Proben mit 2,0 mm Wulstbreite und 0,1 mm Wulsthöhe waren F_M und F_M' bei polierten Werkzeugen und Schmierung mit Bienenwachs stets unter 0,2 mm. Der daraus resultierende Fehler des Umformgrades bleibt deutlich unter 1%, da die Wulstvoreilung bei Vorgangsbeginn, bezogen auf ihren Maximalwert, sehr klein ist.

Der Mantelkonturfehler F_M ist also wesentlich von den Abmessungen des Wulstes und seiner Biegung nach außen abhängig. Bild 40 zeigt die Profilschriebe der Mantelkontur beim Stauchen einer Probe mit Standardabmessungen in Stufen. Zur Veranschaulichung der Konturfehler sind die Meßschriebe in radialer Richtung im Vergleich zur axialen Richtung 5-fach vergrößert. Man erkennt, daß entgegen der Interpretation von Berechnungen der Wulst bis zum maximal erfaßten Umformgrad $\varphi_V = 1,0$ voreilt, wobei sich der Flankenwinkel stetig erhöht. Lediglich aus der Ausbauchung in Probenmitte kann gefolgert werden, daß die Reibungsbehinderung den radialen Innendruck bei großen Umformgraden übersteigt.

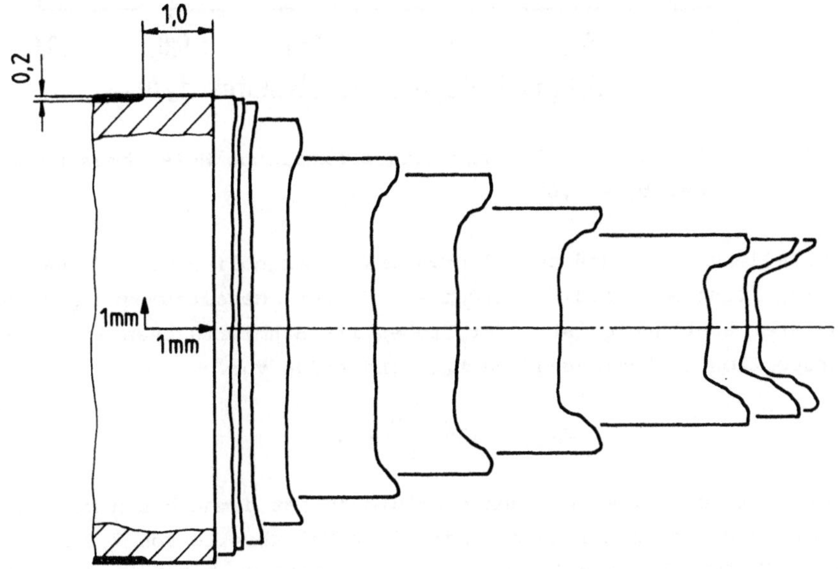

Bild 40: Mantelprofile gestauchter Rastegaev-Proben mit fünffacher Vergrößerung in radialer Richtung.

6.1.5 Verformung des Wulstes

Zur Ermittlung der örtlichen Verformung des Wulstes werden Längsschliffe gestauchter Proben am Profilprojektor ausgemessen. Durch die Messung der Flankenwinkel von Proben, die mit $\varphi_v = 1{,}0$ gestaucht wurden, ist es möglich, den Zusammenhang zwischen dem Schlankheitsgrad des Wulstes, seiner Ausbiegung und dem Biegewinkel zu ermitteln (Bild 41).

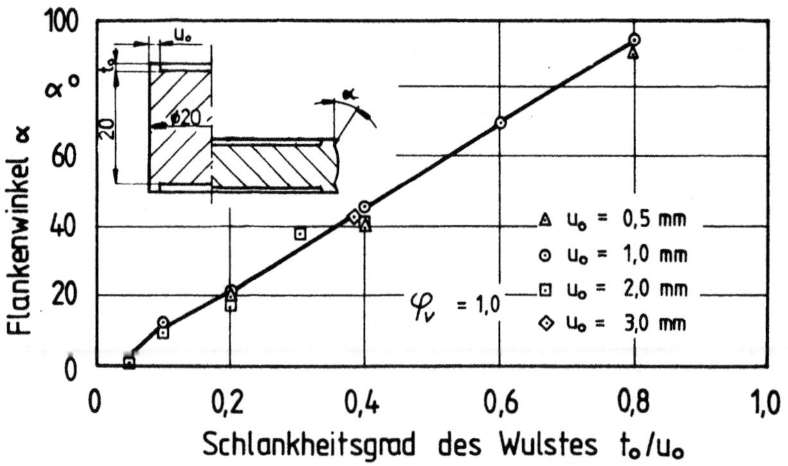

Bild 41: Flankenwinkel α für unterschiedliche Wulstabmessungen bei $\varphi_v = 1{,}0$.

Auffallend ist, daß der Flankenwinkel maßgeblich vom Verhältnis t_0/u_0 bestimmt wird, während er von den Gesamtabmessungen des Wulstes unabhängig ist. Für Proben mit Schmiertaschen liegt eine proportionale Beziehung von α_{max} und t_0/u_0 vor.

$$\alpha_{max} = 120° \frac{t_0}{u_0} - 5° \qquad (47)$$

Zur Erzielung einer homogenen Umformung ist demnach ein möglichst breiter Wulst vorteilhaft. Bei einer Wulstbreite von 2,0 mm und einer Wulsthöhe von 0,1 mm war der Flankenwinkel bei $\varphi_v = 1{,}0$ gerade $\alpha = 0°$, d.h. die Probe blieb nach dem Stauchen zylindrisch.

Auch Reiss hat mit breiten Wülsten $u_0 = 0{,}1 \cdot d_0$ homogene Umformung erzielt. Er wählte einen Schlankheitsgrad von $t_0/u_0 = 0{,}14$, um die erhöhte Reibungsbehinderung beim Stauchen mit geschliffenen Werkzeugen auszugleichen [73].

6.1.6 Das mechanische Gleichgewicht am Wulst

Da Formänderungen und Spannungen in direkter Beziehung zueinander stehen, wurde versucht, aus der Verformung des Wulstes nach einfachen mechanischen Gesetzmäßigkeiten auf die wirkenden Kräfte und Momente zu schließen. Wie bereits die Berechnungen im Kapitel 4 gezeigt haben, hängen die Formänderungen im Wulst von der Reibkraft F_R und der vom Innendruck in der Schmiertasche abgeleiteten Kraft F_{pi} ab.

Der Grund dieser Untersuchung war es, eine Erklärung zu finden, weshalb bei günstiger Dimensionierung des Wulstes eine Ausbauchung in der Probenmitte auftreten kann obgleich der Wulst weiter voreilt. Nach bisherigen Überlegungen schließen sich beide Erscheinungen aus, dennoch können Mantelkonturen, wie sie in den Bildern 39 und 40 gezeigt sind, auftreten.

Die nachfolgenden Berechnungen basieren auf den Beobachtungen beim Stauchen einer Probe mit Standardabmessungen. Zunächst zeigten Vergrößerungen und Oberflächenschriebe, daß die Stirnfläche des Wulstes bei allen Proben nur einen schmalen blanken Rand aufweisen, der beim Stauchen in unmittelbarem Kontakt mit dem Stauchwerkzeug steht. Die Breite dieses geglätteten Randes u_K ist unabhängig von der Wulstbreite und vom Umformgrad und beträgt ca. $u_K = 0{,}5$ mm. Entsprechend den Ergebnissen von Ringstauchversuchen (Bilder 27 und 28) können ohne zusätzliche Schmierung Reibungszahlen in der Größernordnung $\mu = 0{,}1$ angenommen werden. Der Rest der Wulststirnfläche weist eine frei umgeformte Oberfläche auf. Die Oberflächenstruktur ist ähnlich wie am Schmiertaschenboden. Bei hydrostatischer Schmierung ist die Scherfestigkeit des Wachses k_{wa} maßgebend für die Reibungsbehinderung. Diese wurde im Flachstauchversuch mit $k_{wa} = 1{,}5$ N/mm² ermittelt.

Da die vom Innendruck in der Schmiertasche resultierende Radialkraft in direkter Beziehung zur Höhe des Wulstes steht, wurde t in Stufenstauchversuchen gemessen. Für die Ermittlung der Biegemomente ist es außerdem wichtig, den beim Stauchen auftretenden Flankenwinkel α zu kennen. Bild 42 zeigt den Verlauf von t und α für die Standardprobe.

Die bezogene Höhenabnahme des Wulstes ist deutlich größer als im Probenkern. Bis die Fließspannung im Probenkern erreicht ist, muß der Wulst zunächst um einen bestimmten Betrag aufgestaucht werden, damit der kompressible Schmierstoff und das Stauchwerkzeug ausreichend vorgespannt sind. Ist die Probe plastisch, so muß außer den beiden genannten Effekten, die mit der Erhöhung der Fließspannung und der belasteten Werkzeugfläche weiter ansteigen, zusätzlich die Höhenabnahme, welche aus dem Umbiegen des Wulstes resultiert, berücksichtigt werden. Bezogen auf den Umformgrad im Probenkern ist die Höhenabnahme des Wulstes mindestens doppelt so groß, während die Wulstbreite, bedingt durch den radialen Druck von innen in Verbindung mit einer Reibungsbehinderung von außen, nahezu konstant bleibt.

Die Umbiegung des Wulstes kann mit dem Flankenwinkel α gemessen werden. Wie im Bild 40 am Mantelprofil gezeigt, steigt der Flankenwinkel mit zunehmendem Umformgrad überproportional an, obgleich sich die Wulsthöhe und damit die von der Schmiertasche ausgehende Radialkraft vermindert. Wie die nachfolgende Berechnung zeigt, kann dieser Effekt durch das Momentengleichgewicht am Wulst erklärt werden. Mit zunehmendem Flankenwinkel vergrößert sich auch der Hebelarm des aus σ_z resultierenden Momentes. Den genauen Zusammenhang zeigen die Berechnungen.

Der Wulst hat eine Breite von lediglich 10% des Probenhalbmessers. Deshalb wurde eine ebene Formänderung angenommen. Weil die Fließspannung von Paraffin im Vergleich zu Stahl sehr klein ist und der Umformvorgang einer homogenen Umformung sehr nahe kommt, wurde folgende Vereinfachung getroffen: $\sigma_z \approx p_i \approx k_f$.

In radialer Richtung wirken die Kräfte F_R und F_{pi}. Beide Kraftkomponenten unterscheiden sich im Vorzeichen und sind bei homogener Umformung betragsmäßig etwa gleich groß. Die resultierende Horizontalkraft kann als die Differenz von F_R und F_{pi}

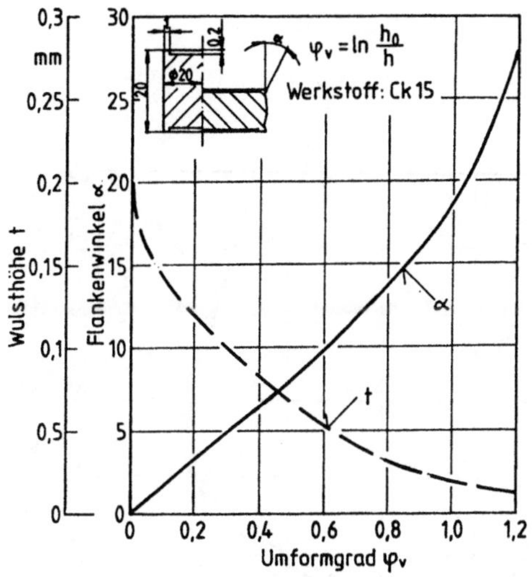

Bild 42: Verlauf von Wulsthöhe t und Flankenwinkel α beim Stauchen von Standardproben.

berechnte werden mit der Beziehung

$$F_{ges} = F_{pi} - F_R \qquad (48a)$$

$$F_{ges} = k_f\, t - \mu\, k_f\, u_K - k_{wa}\,(u - u_K). \qquad (48b)$$

Am Wulst wirkt darüber hinaus ein Moment, welches aus der Summe der Einzelmomente M_{pi}, M_{FR} und $M_{\sigma z}$ resultiert. Der Drehpunkt ist in Bild 43 eingezeichnet. M_{pi} wird durch den Innendruck des Schmierstoffs verursacht, M_{FR} rührt von der Reibungsbehinderung her und $M_{\sigma z}$ resultiert aus der Wulstvoreilung sowie der wirkenden Axialspannung σ_z:

$$M_{ges} = M_{FR} - M_{pi} - M_{\sigma z} \qquad (49a)$$

$$M_{ges} = k_f\, \mu\, t - k_f\, \frac{t^2}{2 \cdot \cos^2\alpha}\, b - k_f\, u\, b\, t\, \tan\alpha \qquad (49b)$$

Für einen Wulst mit der Breite b = 1 mm wurden nun die Radialkräfte sowie das Biegemoment unter Berücksichtigung der beobachteten Formänderungen am Wulst berechnet.

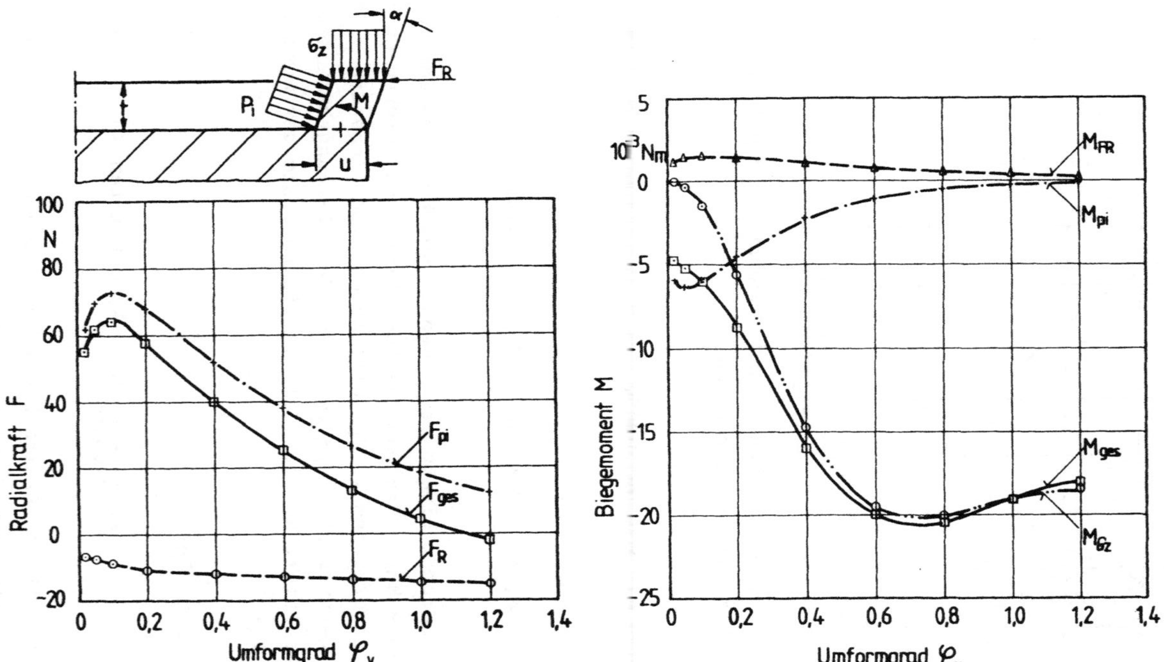

Bild 43: Verlauf von Radialkraft und Biegemoment beim Stauchen einer Zylinderprobe mit Schmiertaschen.

Wegen der ansteigenden Fließspannung wurde vor allem bei kleinen Umformgraden eine betragsmäßige Zunahme von F_{pi} und F_R berechnet. Während F_R einen momentanen Anstieg des Betrages der Reibungskraft aufweist, erreicht F_{pi} bei $\varphi_v \approx 0{,}1$ ihr Maximum und fällt dann monoton mit zunehmender Stauchung. Die Gesamtkraft F_{ges} schneidet bei $\varphi_v = 1{,}1$ die Nullachse. Dies ist auch der Punkt, an dem F_{pi} und F_R im Gleichgewicht sind. Für die Wulstabmessungen $u_0 = 1{,}0$ mm und $t_0 = 0{,}2$ mm wird der Verlauf von F_{ges} vorwiegend durch den Innendruck bestimmt, während F_R nahezu konstant bleibt.

Die berechneten Momente M_{FR} und M_{pi} beeinflussen dementgegen nur bei kleinen Umformgraden den Verlauf des Biegemomentes. Bereits ab $\varphi_v = 0{,}2$ nähert sich M_{ges} mehr und mehr an $M_{\sigma z}$ an, während sich die Einflüsse von Reibung und Innendruck aufheben. Der Verlauf von $M_{\sigma z}$ ist zum einen durch den steilen Anstieg von tan α in Verbindung mit der raschen Abnahme der Probenhöhe bestimmt. Durch die Wahl eines breiteren Wulstes kann also nicht nur seine Biegesteifigkeit erhöht, sondern auch das wirkende Moment am Wulst verringert werden, wodurch die Homogenität der Umformung verbessert wird.

6.2 Ermittlung der Formänderungsverteilung

6.2.1 Makroätzungen

Die äußere Form einer gestauchten Rastegaev-Probe kann durch eine Veränderung der Wulstabmessungen gezielt beeinflußt werden.

Um den Werkstofffluß im Innern einer gestauchten Probe sichtbar machen zu können, erwies sich die Makroätzung nach Oberhoffer [114] für den niedriglegierten Stahl Ck 15 als gangbarer Weg. Ausscheidungen und nichtmetallische Einschlüsse zeigen im gewalzten Stab einen gleichmäßigen zeiligen Faserverlauf. An geätzten Längsschliffen gestauchter Proben ohne Schmiertaschen ließ sich auf diese Weise das Anlegen der Mantelfläche sowie die Ausbauchung der Werkstoffasern bis in die Probenmitte sichtbar machen. Für Proben mit Schmiertaschen kann die Beeinflussung des Faserverlaufes beobachtet werden.

Bild 44 zeigt Längsschliffe je einer Probenhälfte von gestauchten

Proben aus Ck 15 bei φ_V = 1,0. Der Faserverlauf zeigt, daß Unregelmäßigkeiten der Mantelkontur den Stofffluß teilweise bis weit in die Probe hinein beeinflussen. Das Maß der Wulstvoreilung hängt wesentlich von der Ausgangshöhe des Wulstes ab, während die Wulstbreite die maßgebende Größe für die auf die Proben übertragenen Schubspannungen ist. Die Wulstbreite bestimmt also im wesentlichen den im Werkstofffluß gestörten Volumenanteil. Gelingt es jedoch, ein Gleichgewicht zwischen radialem Innendruck und Reibungsbehinderung zu finden, so hat die Wulstbreite keinen wesentlichen Einfluß auf Kontur und Faserverlauf. Der gleichmässigste Faserverlauf wurde bei einer Wulsthöhe u_0 = 0,1 mm festgestellt.

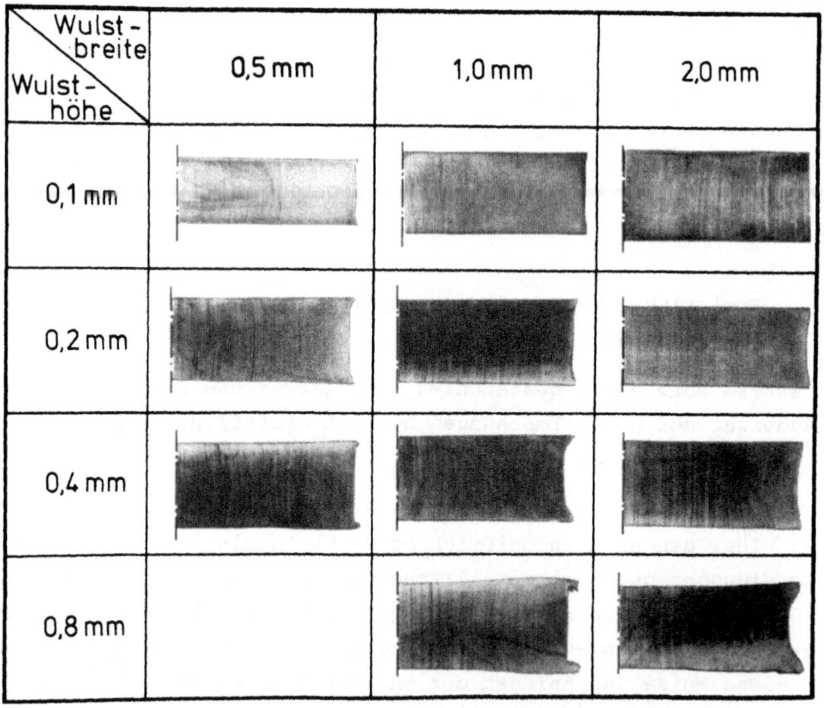

Bild 44: Seigerungslinien gestauchter Rastegaev-Proben aus Ck 15 mit unterschiedlichen Wulstabmessungen bei φ_V = 1,0.

Makroätzungen an gestauchten Proben mit größerem Schlankheitsgrad h_0/d_0 = 1,5 ergaben ebenso eine gute Parallelität der Seigerungslinien. Durch die größere Probenhöhe wurde auch die Ausbauchung etwas ausgeprägter (vgl. 6.1.4). Beim Stauchen der Proben mit den Wulstabmessungen t_0 = 1,0 mm, u_0 = 0,8 mm legte sich der Wulst vollständig um. Er wurde teilweise abgeschert, während sich die Mantelfläche an die Stauchbahnen anlegte. Der Verlauf der Seigerungslinien kann durch die Richtungsänderung der Radialspannung während des Stauchvorgangs sowohl konkave als auch konvexe Formen annehmen.

6.2.2 Härtemessungen

Nach DIN 50 150 [116] besteht ein direkter Zusammenhang zwischen Härte und Zugfestigkeit. Während die Brinellhärte für weiche und die Rockwellhärte für harte Werkstoffe bevorzugt wird, eignet sich die Vickershärte nach DIN 50 133 [117] für praktisch alle metallischen Werkstoffe. Deshalb wird sie bevorzugt zur Messung von Härteverteilungen an umgeformten Teilen verwendet. Nach [113,118] besteht bei Werkstoffen mit Verfestigung ein eindeutiger Zusammenhang zwischen Härtezunahme und lokaler Formänderung.

Jeder Härteeindruck ist eine lokale Umformung. Deshalb müssen die Eindrücke zueinander einen Mindestabstand vom zweifachen der Diagonalen eines Härteeindruckes haben, damit sie sich nicht gegenseitig beeinflussen. Ebenso soll ein Mindestabstand zum Probenrand eingehalten werden. Um möglichst nahe am Probenrand ausmessen zu können, wurde die Kleinlasthärteprüfung gewählt. Aus Symmetriegründen wurde nur ein Viertel eines Längsschliffes ausgemessen.

Das Meßraster hat einen Meßpunkteabstand von 2 mm in radialer und 1 mm in axialer Richtung. Die Härteverteilung wurde im umgeformten Zustand bei einem Umformgrad φ_v = 1,0 erfaßt. Mit Proben homogener Härteverteilung war es möglich, die Beziehung von Härtezunahme und Umformgrad experimentell zu bestimmen. Hierzu wurden Proben mit einer Wulstabmessung von u_0 = 1,0 mm und t_0 = 0,2 mm in Stufen gestaucht. Am Längsschnitt wurden mindestens 10 Härtewerte gemessen und daraus der Mittelwert berechnet.

Die Korrelation von Härte und Formänderung ergab einen stetigen Härteanstieg mit zunehmender Umformung. Unter Berücksichtigung eines Vertrauensbereichs erhält man die Beziehung, wie sie im Bild 45 dargestellt ist.

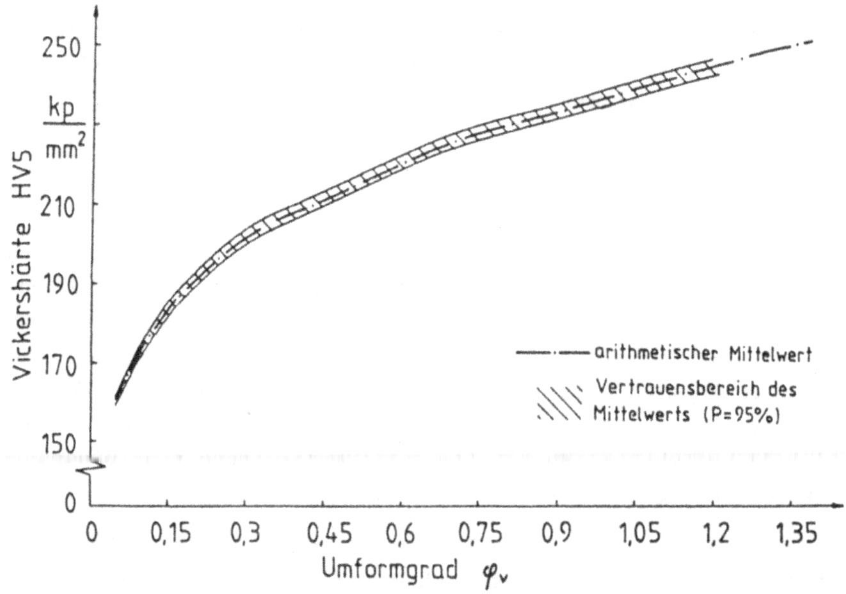

Bild 45: Zusammenhang zwischen Vickershärte HV5 und Umformgrad φ_v bei Raumtemperatur.

Für die Umrechnung der Härteverteilung in eine Formänderungsverteilung wurde die Messunsicherheit der Vickersprüfung nach [119] berücksichtigt. Aus den Ablesefehlern und der Wiederholgenauigkeit des Kleinlasthärteprüfgerätes kann eine Meßtoleranz von etwa 3 µm abgeleitet werden, was bei einer mittleren Härte von 200 HV5 einer Meßungenauigkeit von 7 HV5 entspricht. Diese Meßtoleranz wird nachfolgend stets dann vom Streuband der gemessenen Härtewerte abgezogen, wenn Streuungen angegeben werden, die zur Beurteilung der Homogenität der Umformung benutzt werden. Die Ergebnisse von Härtemessungen und der abgeleiteten Formänderungsverteilung lassen sich wie folgt zusammenfassen:

1. Konventionelle Probe

Beim Stauchen konventioneller Zylinderproben ohne Schmierung und bei hoher Reibungsbehinderung durch geschliffene Stauchbahnen ist die Fließbehinderung des Werkstoffs sehr ausgeprägt.

Bild 46 zeigt die Härteverteilung sowie den Faserverlauf am Längsschnitt einer gestauchten Probe bei φ_V = 1,05.

Wie auch in der Literatur [1,29,73-75] beschrieben, wurden minimale Härtewerte im Bereich der Stirnfläche sowie an der Mantelfläche gemessen. Vom äußeren Rand der Stirnfläche zieht sich etwa unter 45° ein Härtemaximum zur Probenmitte hin. Der Faserverlauf zeigt sowohl das Anlegen der Mantelfläche über eine erhebliche Länge an das Stauchwerkzeug, als auch die starke Krümmung der Seigerungslinien im Bereich der Probenmitte.

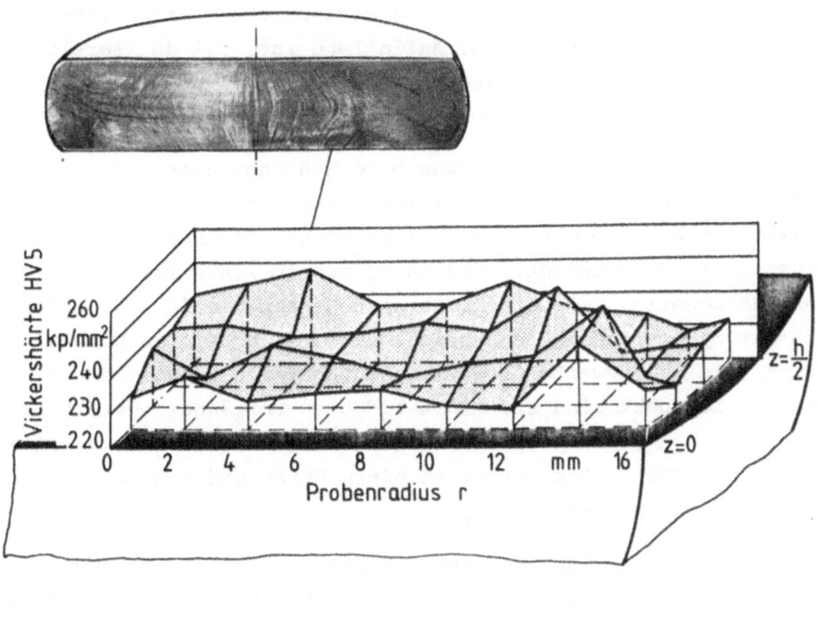

Bild 46: Seigerungslinien und Härteverteilung an einer gestauchten Probe ohne Schmiertaschen φ_V = 1,0.

Aus dem Zusammenhang von Härte und Formänderung kann die Formänderungsverteilung abgeleitet werden.

Sie ergibt maximale lokale Formänderungen in der Diagonale sowie in der Probenmitte mit $\varepsilon_v \approx 1{,}0 \ldots 1{,}25$, während im Stirnflächenbereich minimale Werte ($\varepsilon_v \approx 0{,}75$) berechnet wurden.

Die Inhomogenität

$$\frac{\varepsilon_{vmax} - \varepsilon_{vmin}}{\varphi_v} \qquad (50)$$

beträgt ca. ± 25%, bezogen auf den Umformgrad der gesamten Probe. Umgerechnet auf die Fließspannung entspricht dies einer Streuung der Fließkurvenwerte von ca. 12%.

2. Stauchproben mit Schmiertaschen

An gestauchten Proben mit Schmiertaschen wurden Härtemessungen bei unterschiedlichen Wulstabmessungen durchgeführt. Proben mit einem hohen und breiten Wulst zeigen äußerlich eine konkave Mantelkontur. Im Inneren wurde dementsprechend eine inhomogene Härteverteilung festgestellt. Auffallend ist, daß der Bereich der Diagonalen vom Wulstinnenrand zur Probenmitte hin im Gegensatz zu konventionellen Stauchprobe ein Härteminimum aufweist.

Hohe und schlanke Wülste knicken beim Stauchen nach außen um. Ein großer Teil des Schmierstoffs fließt dabei ab. In der Probenmitte bildet sich eine neue kleine Schmiertasche. Die Härtemessungen an Längsschnitten gestauchter Proben zeigen im zentrumsnahen Bereich große Härtewerte, was der größeren Höhenabnahme für für Bereiche nahe der Symmetrieachse entspricht (vgl. Bild 34). Nach außen hin fallen die Härtewerte im Stirnflächenbereich deutlich ab. Am äußeren Eckpunkt sind sie minimal. Die Formänderungsverteilung ist demnach umgekehrt gelagert und geringer als beim konventionellen Stauchen. Sie liegt in einem Streuband von ± 20% des geometrischen Umformgrades φ_v.

Bei optimierter Wulstabmessung reduziert sich das Streuband der Härtewerte auf ca. 11 HV5. Unter Berücksichtigung der Meßunsicherheit bei der Bestimmung der Diagonalenlänge von 3 µm verursacht dies eine Meßunsicherheit bei den Härtewerten von 7 HV5

[119]. Die Streuung der Härtewerte reduziert sich damit auf 4 HV5 oder 2% bezogen auf die geometrische Formänderung.

Bild 47 zeigt die Härteverteilung an einer homogen gestauchten Probe mit den Wulstabmessungen u_0 = 1,0 mm, t_0 = 0,15 mm bei einem Umformgrad $\varphi_V \approx 1,0$. Die Härtewerte liegen sehr dicht beieinander. Es ist in axialer Richtung ein uneinheitliches Streuband von ca. 10 HV5 und radial ein leichtes Abfallen der Härtewerte nach außen hin mit einer Differenz von 9 HV bei 16 mm Weg festzustellen. In Diagonalenrichtung vom Rand der Stirnfläche erkennt man ein schwaches Minimum. Im wesentlichen kann man daraus ableiten, daß eine äußerlich homogen gestauchte Probe auch in ihrem Innern eine gleichmäßige Härteverteilung und damit eine homogene Formänderungsverteilung aufweist.

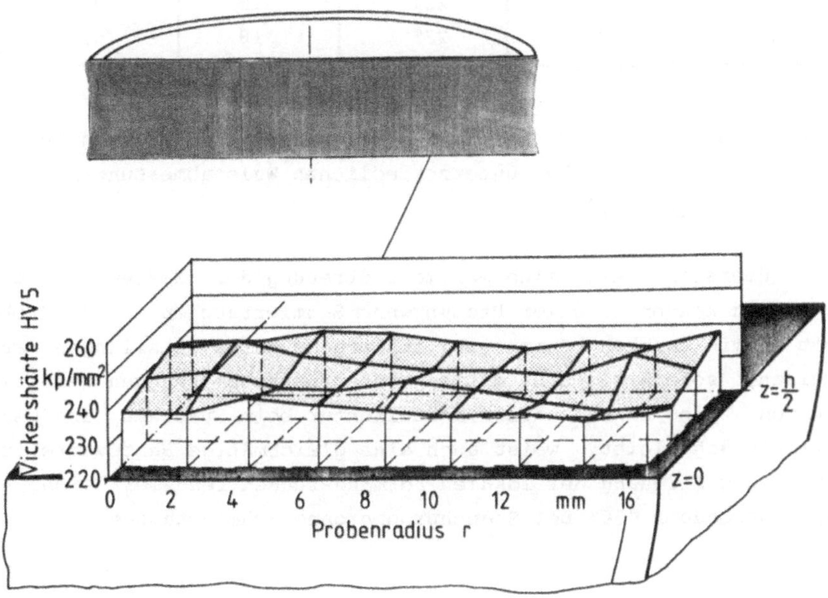

Bild 47: Seigerungslinien und Härteverteilung an einer gestauchten Probe mit Schmiertaschen φ_V = 1,0.

In Tabelle 5 sind die Streuung der Härtewerte sowie der daraus berechneten Formänderungen in Abhängigkeit von Wulsthöhe und Wulstbreite aufgetragen. Der geometrische Umformgrad betrug für alle Proben $\varphi_v = 1,0 \pm 0,05$. Die Probe hatte eine Ausgangshöhe von $h_0 = 20$ mm zuzüglich Wulst. Der Durchmesser war $d_0 = 20,0$ mm.

Wulstbreite u_0 [mm]	Wulsthöhe t_0 [mm]	Mittelwert der Härte HV_m [HV5]	Streuung der Härte $\Delta HV5$ [HV5]	Streuung der Formänderung $\Delta\varepsilon_v$ [-]
1	0,15	236	6	0,16
1	0,2	234	4	0,11
1	0,4	235	10	0,27
1	0,8	234	15	0,39
2	0,8	231	15	0,39
0	0	235	18	0,49

Tabelle 5: Streuung von Härte und der daraus abgeleiteten Formänderung bei unterschiedlichen Wulstabmessungen für $\varphi_v = 1,0$.

Die Übersicht zeigt eine maximale Streuung der Härtewerte beim Stauchen konventioneller Proben ohne Schmiertaschen. Auch Proben mit Schmiertaschen können sehr inhomogene Härteverteilungen aufweisen, sofern sie z.B. mit zu großen Wulstabmessungen gefertigt wurden. Eine Probe, deren Mantelkontur beim Stauchen annähernd zylindrisch bleibt, weist auch eine gleichmäßige Härteverteilung auf. Die Streuung der lokalen Formänderungen reduziert sich auf ≈10% gegenüber ≈50% bei Stauchproben ohne Schmiertaschen.

7 Aufnahme von Fließkurven

7.1 Vergleich von Höhen- und Durchmessermessung

7.1.1 Genauigkeit beider Meßmethoden

Bei der Fließkurvenaufnahme im Stauchversuch ist es üblich, die Stauchkraft in Abhängigkeit von der Höhenabnahme zu messen. Der Vorteil dieser Meßmethode ist zum einen die integrale Betrachtungsweise und zum anderen die Messung der mindestens bei kleinen Stauchungen maximalen Längenänderung in axialer Richtung. Bei der Höhenmessung sind jedoch Fehlerquellen, wie sie durch die elastische Auffederung des Werkzeuges oder die tonnenförmige Ausbauchung der Probe verursacht werden, wesentlich [25,30].

Die Messung des Probendurchmessers erfaßt dagegen eine Formänderung, welche durch Unrundheit sowie durch die inhomogene Verformung der Stauchprobe verfälscht wird. Die Unrundheitsfehler können mit mehreren Wegaufnehmern ausgemittelt werden. Die Einflüsse durch inhomogene Umformung lassen sich durch konstruktive Maßnahmen weitgehend beseitigen. Im verwendeten Meßaufbau wurde dies dadurch gelöst, daß die Wegaufnehmer stetig mit Schraubenfedern um den halben Betrag des Oberwerkzeuges nach unten bewegt werden und damit die Durchmesseränderung kontinuierlich in halber Probenhöhe erfassen.

Nimmt man bei der Längenmessung eine Meßunsicherheit m an, so geht diese bei der Berechnung des Umformgrades als Ungenauigkeit in das Ergebnis ein. Der Umformgrad φ kann nach Gleichung (11) aus der Stauchteilhöhe h_0 und dem Stauchweg s_h berechnet werden.

$$\varphi_{vh} = \ln \frac{h_0}{h_0 - s_h} \quad . \tag{49}$$

Die Auflösung $\Delta\varphi(m)$ wird damit zu

$$\Delta\varphi = \frac{d\varphi_{vh}}{ds_h} m_h = \frac{-\, m_h}{h_0 - s_h} = \frac{-\, m_h\, e^{+\varphi_v}}{h_0} \quad . \tag{50}$$

Für die Durchmesseränderung s_r ergibt sich nach Gleichung (43) analog:

$$\varphi_{vr} = 2 \cdot \ln \frac{r_0 + s_r}{r_0} \tag{51}$$

und damit

$$\Delta\varphi = \frac{d\varphi_{vr}}{ds_r} m_r = \frac{2 \cdot m_r}{r_0 + s_r} = \frac{2\, m_r\, e^{-\varphi_v/2}}{r_0} \quad . \qquad (52)$$

Die Meßunsicherheit ist im wesentlichen durch Linearitätsabweichung der induktiven Wegaufnehmer verursacht. Sie beträgt bei der Höhenmessung m_h = 0,08 mm und bei der Durchmessermessung m_r = 0,04 mm. Die Übertragungsfehler der Verstärker sowie des Transientenrekorders sind weitaus geringer und wurden deshalb vernachlässigt. Daraus resultiert eine Auswerteungenauigkeit $\Delta\varphi(m)$ beider Meßverfahren, wie in Bild 48 dargestellt.

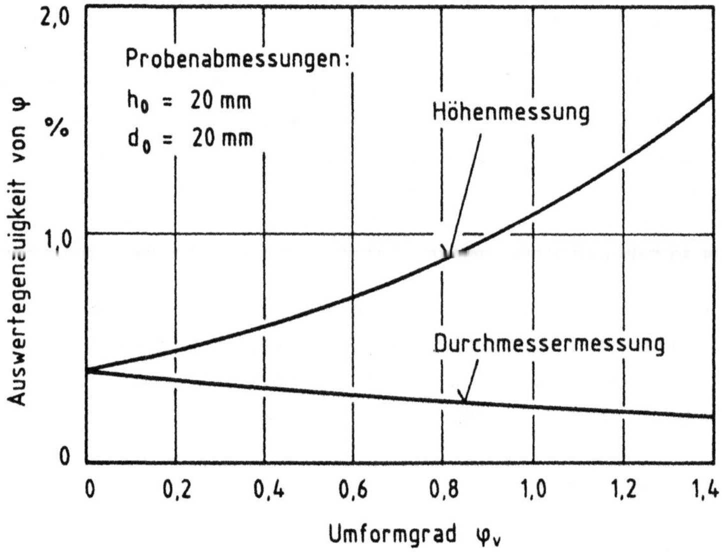

Bild 48: Auswertegenauigkeit bei der Berechnung von φ_v.

Der Genauigkeitsgewinn durch die Durchmessermessung kommt besonders bei großen Umformgraden zum Tragen. Bei φ_v = 1,0 verursacht die doppelte Linearitätsschwankung bei der Höhenmessung eine im Vergleich zur Durchmessermessung fünf mal so große Auswerteungenauigkeit von φ.

Die Abweichungen der Probenkontur von der Kreiszylinderform können das Meßergebnis mindestens in gleichem Maße wie Linearitätsschwankung der Wegaufnehmer verfälschen. Die Unrundheit verursachte bei der Durchmessermessung eine Meßunsicherheit von $\Delta\varphi$ = 1,4% bei φ_V = 1,0 (vgl. 6.1.2), welche durch mehrere Wegaufnehmer ausgemittelt werden kann. Die Mantelkonturfehler verändern das Ergebnis der Höhenmessung sehr stark. Eine Abweichung von der Zylinderizität von 1,2 mm bei φ_V = 1,0 entspricht einem $\Delta\varphi$ = ± 3,6%. Die Durchmessermessung ist diesbezüglich günstiger, da sie die Formänderungen stets in halber Probenhöhe und damit in der Zone mißt, in der Reibungseinflüsse nur minimale Wirkung zeigen.

Ferner sollte noch die Auffederung des Werkzeuges berücksichtigt werden. Diese stellt jedoch einen systematischen Fehler dar, welcher rechnerisch eliminiert werden kann [25].

7.1.2 Ermittelter Umformgrad

Die Genauigkeitsbetrachtungen ergaben die geringste Meßunsicherheit für die Durchmessermessung, sofern stets in halber Probenhöhe gemessen wird und Unrundheiten durch mehrere parallele Messungen ausgemittelt werden können.
Beim Stauchen von Rastegaev-Proben beeinträchtigen vor allem Fehler, die durch das Voreilen des Wulstes verursacht sind, das Meßergebnis. Deshalb wurden die aus Höhen- und Durchmessermessung bestimmten Umformgrade gegenübergestellt, um Aufschluß über die Ergebnisse beider Meßverfahren im Verlauf eines Stauchvorganges zu gewinnen.

Die Meßgenauigkeit bei der Bestimmung von φ_V ist für die Fließkurvenaufnahme sehr bedeutend, da ein falscher Wert für die Formänderung sowohl den Umformgrad als auch die Fließspannung verändert.

In Bild 49 ist die Differenz der aus Höhen- und Durchmessermessung bestimmten Umformgrade über dem Umformgrad φ_{Vr} für Proben mit unterschiedlichen Wulstabmessungen aufgetragen. Aufgrund der zusätzlichen Höhenabnahme am Wulst war die Differenz $\varphi_{Vh} - \varphi_{Vr}$ für Rastegaev-Proben, zumindest bei kleinen Umformgraden, positiv. Mit zunehmender Wulsthöhe erhöht sich dieser Fehler durch die Voreilung des Wulstes.

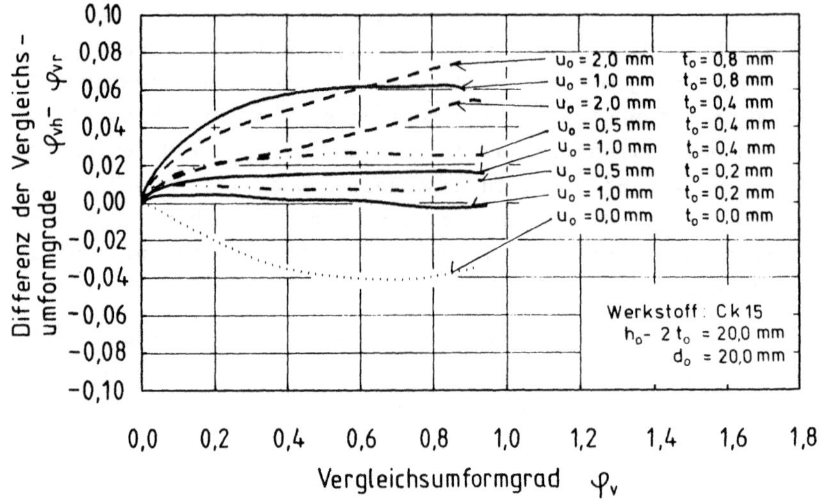

Bild 49: Differenz der Vergleichsumformgrade aus Höhen- und Durchmessermessung für unterschiedliche Wulstabmessungen.

Bei sehr kleinen Umformgraden $\varphi_v \leq 0{,}05$ zeigen alle Rastegaev-Proben zunächst eine Höhenabnahme zwischen 0,2% und 1%. Diese erste Stauchung des Wulstes ist erforderlich um den kompressiblen Schmierstoff und das elastische Werkzeug vorzuspannen (vgl. Abschn. 6.1.6). Je größer das Schmiertaschenvolumen und je schlanker der Wulst gewählt wurde, umso größer ist dieser Anfangsfehler.

Wird die Probe weiter gestaucht, so kommt das im Kapitel 4 angedeutete und im Abschnitt 6.1.6 an einer Standardprobe berechnete angesprochene Kräftegleichgewicht zwischen der Innendruckkraft F_{pi} und der Reibkraft F_R zur Geltung. Zu schlank dimensionierte Wülste knicken aus. Bei der Höhenmessung ergibt sich daraus eine zu große Höhenabnahme und damit ein im Vergleich zum Probenkern zu großer Umformgrad. Der Differenzbetrag $\varphi_{vh} - \varphi_{vr}$ steigt zunächst stark an. Sobald der Wulst vollständig ausgeknickt ist, wobei auch ein großer Teil des Schmierstoffes aus der Tasche abfließen kann, ändern sich die Reibungsbedingungen abrupt. Die Schmierung versagt, die im Bild 49 dargestellte Differenz bleibt konstant oder fällt sogar ab. Vielfach bauchen die Proben nachträglich aus. Je kleiner die Abmessungen des Wulstes sind, umso schneller knickt er aus. Beim Stauchen von Proben mit den Wulstabmessungen u_0 = 0,5 mm, t_0 = 0,4 mm scheint der Wulst bereits bei φ_v = 0,2 vollständig umgeklappt zu sein. Die Differenz $\varphi_{vh} - \varphi_{vr}$ bleibt ab diesem Umformgrad mit 0,025 konstant. Werden die Wulstabmessungen verdoppelt so nähert sich der Verlauf erst ab einem Umformgrad φ_v = 0,6 gegen einen konstanten Differenzbetrag $\varphi_{vh} - \varphi_{vr}$ = 0,06. Je breiter der Wulst gewählt wird, umso kleiner ist das eingeschlossene Schmierstoffvolumen und umso höher ist die Biegesteifigkeit des Wulstes sowie die Sicherheit gegen Schmierstoffverlust. Die gemessene Differenz steigt dabei bis zu großen Umformgraden kontinuierlich an. Dies deutet auf eine zuverlässige Schmierung hin.

Die geringste Abweichung zwischen Höhenmessung und Durchmessermessung ergab die Standardprobe. Mit einer Abweichung beider Meßmethoden von weniger als 1%. Dieses Ergebnis beweist, daß im Falle einer homogenen Umformung beide Meßprinzipien bis zum Umformgrad φ_v = 1,0 übereinstimmende Werte liefern. Für größere Umformgrade kann die höhere Auflösung der Durchmessermessung empfohlen werden. Die im Bild 49 gegenübergestellten Kurvenzüge zeigen einen kontinuierlichen Anstieg des Differenzbetrages für Proben mit breitem Wulst und damit eine gute Schmierwirkung der paraffingefüllten Tasche bis zu hohen Umformgraden. Diese Vermutung wurde mit Stauchproben mit einer Wulstbreite u_0 = 2,0 mm und einer Wulsthöhe t_0 = 0,15 mm bestätigt. Die Probenkontur blieb bis zu hohen Umformgraden zylindrisch.

Die Fehler, die durch die Verformungen des Wulstes, insbesondere bei der Höhenmessung entstehen, können bis zu 8% bezogen auf $._v$ betragen und sind damit wesentlich größer als die gütebedingte Meßungenauigkeit. Sie sind jedoch an der Form der gestauchten Probe eindeutig sichtbar. (vgl. Kapitel 6). Für Proben mit einigermaßen homogener Außenkontur weichen beide Meßverfahren nur noch etwa 2% voneinander ab. Die Werte streuen für eine Standardprobe (t_0 = 0,2 mm; u_0 = 1,0 mm) nur noch um ± 0,5%. Beide Meßmethoden stimmen somit bei homogener Umformung bis zum gemessenen Umformgrad gut überein.

Beim Stauchen konventioneller Proben ohne Schmiertaschen ergibt die Durchmessermessung aufgrund der tonnenförmigen Aufwölbung den größeren Umformgrad (punktierte Linie in Bild 49). Die Differenz $\varphi_{vh} - \varphi_{vr}$ wird somit negativ. Bei einem Umformgrad von $\varphi_v \approx 0,7$ erreicht die Differenz ihr Minimum, d.h. die Ausbauchung ist maximal. Wird die Probe weiter gestaucht, so legen sich die Mantelflächen an die Stauchbahnen an. Für die Fließkurvenaufnahme ist spätestens ab diesem Zeitpunkt keine zuverlässige Auswertung mehr möglich.

Weil mit zunehmendem Schlankheitsgrad der Probe die Stirnflächeneinflüsse immer weniger ins Gewicht fallen und sich aber auch die Verformungen der Probe verändern (siehe Kapitel 6), ist es wichtig, diesen Einfluß in Bezug auf $\varphi_{vh} - \varphi_{vr}$ zu kennen. Aufgrund der im Bild 39 dargestellten Mantelflächenkonturen, die mit zunehmender Ausgangshöhe eine größere Ausbauchung bei gleichem Umformgrad bezeugen, wäre eine Reduzierung der Differenz $\varphi_{vh} - \varphi_{vr}$ mit einer sehr guten Annäherung an den Idealfall $\varphi_{vh} = \varphi_{vr}$ für schlanke Stauchproben zu erwarten.

Bild 50 zeigt die gemessene Differenz für unterschiedliche Schlankheitsgrade. Die Unterschiede liegen innerhalb der Wieder-

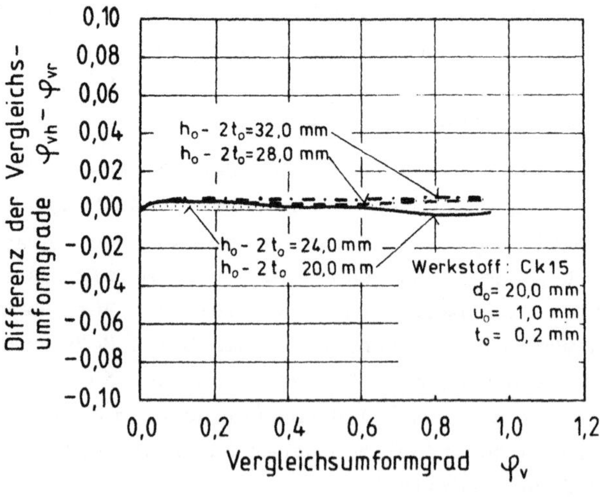

Bild 50: Differenz der Vergleichsumformgrade für unterschiedliche Schlankheitsgrade.

holgenauigkeit der Messungen mit Proben gleicher Schlankheitsgrade. Außerdem liegen sie innerhalb der Auswertegenauigkeit der Höhenmessung für große Umformgrade. Die Übereinstimmung ist damit so genau wie die Messung, der Einfluß der Schlankheit ist unerheblich.

7.1.3 Ermittelte Fließspannung

Die Fließspannung wurde nach Gl. (12) und (13) für Höhen- und Durchmessermessung in unterschiedlicher Weise bestimmt. Für die Höhenmessung wurde die Beziehung

$$k_{fh} = \frac{F\,h}{V_0} = \frac{F}{A_0}\,e^{-\varphi_{vh}} \tag{53}$$

$$k_{fr} = \frac{F}{A} = \frac{F}{A_0}\,e^{-\varphi_{vr}} \tag{54}$$

verwendet. Aus dem rechten Teil der obigen Gleichungen kann abgeleitet werden, daß die Ungenauigkeit bei der Bestimmung des Umformgrades direkt in die berechnete Fließspannung eingeht. Der Effekt kehrt sich jedoch um, so daß ein zu hoher Umformgrad durch die Schmiertasche eine Erniedrigung der Fließspannung verursacht.

In Bild 51 ist die daraus resultierende Abweichung von Höhen- und

Durchmessermessung Abhängigkeit von der Wulsthöhe t_0 für eine Wulstbreite u_0 = 1,0 mm aufgetragen. Die Abweichungen der Fließspannung $k_{fh} - k_{fr}$ liegt in der Größenordnung von +15% für Stauchproben ohne Schmiertaschen bis -10% für einen sehr schlanken Wulst t_0 = 0,8 mm. Bei einer Wulsthöhe von 0,2 mm fallen beide Meßergebnisse nahezu zusammen, was auf eine weitgehend homogene Umformung zurückzuführen ist.

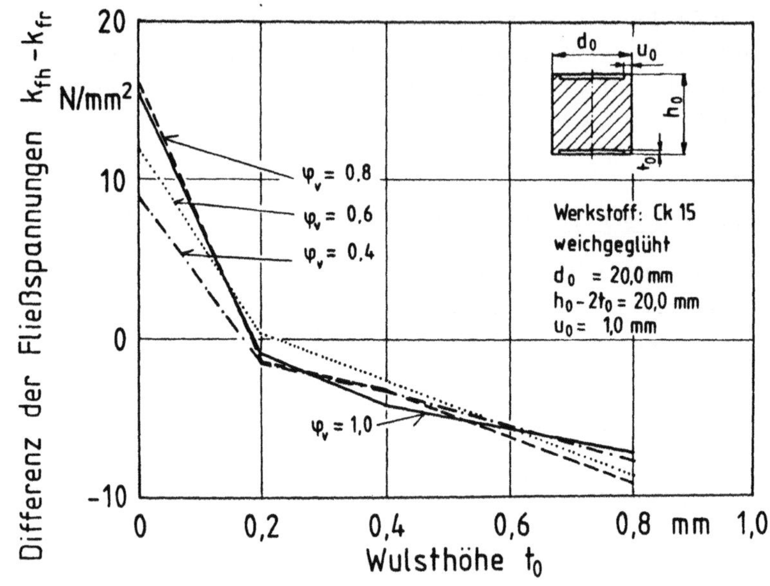

Bild 51: Differenz der aus Höhen- und Durchmessermessung ermittelten Fließspannung in Abhängigkeit von der Wulsthöhe.

7.2 Fließkurven im modifizierten Stauchversuch

7.2.1 Allgemeines

Für das Stauchen von Rastegaev-Proben hat die Durchmessermessung eindeutige Vorteile. Die Formänderungen werden außerhalb des Kraftflusses direkt am Werkzeug gemessen. Zusätzliche Höhenabnahmen, wie sie durch das Umklappen des Wulstes entstehen können, wirken sich nicht aus. Die Formänderung wird dort erfaßt, wo die störenden Einflüsse durch Reibungsbehinderung oder Wulstverformung minimal sind.

Der Werkstofffluß ist durch den anfangs großen Schlankheitsgrad vorwiegend axial. Mit fortschreitender Stauchung überwiegt jedoch die radiale Verdrängung. Proben nach Rastegaev können wegen der gewünschten guten Schmierung nicht zu schlank dimensioniert werden. Üblich ist ein Schlankheitsgrad $h_0/d_0 = 1,0$. Soll nun beim Stauchen dieser Proben eine Fließkurve bis zu hohen Umformgraden gemessen werden, so verzeichnet man schon bei kleinen Umformgraden einen überwiegend radialen Werkstofffluß, so daß die Durchmessermessung die genauere Methode zur Fließkurvenaufnahme darstellt.

7.2.2 Einfluß der Wulstabmessungen

Die Inhomogenität der Umformung führt bei der Fließkurvenaufnahme zu Fehlern bei der Bestimmung des Umformgrades wie auch der Fließspannung. Da beide Einflüsse das Ergebnis gleichermaßen verfälschen, ist ein breites Streuband für die ermittelten Fließkurven zu erwarten.

Da die Bezeichnung "Fließkurve" im engeren Sinne nur für homogene Umformung zutrifft, wurde der Begriff Fließspannung vorerst durch die Bezeichnung Umformwiderstand k_w ersetzt. Der Umformwiderstand entspricht der mittleren Normalspannung für einen Umformvorgang ohne Kompensation von Reibungseinflüssen und ohne Korrektur von inhomogener Umformung.

Bild 52 zeigt das Streuband des Umformwiderstandes für Höhenmessung und Durchmessermessung bei unterschiedlichen Wulstabmessungen. Während die berechneten Kurvenverläufe bei Durchmessermessung sehr dicht beeinander liegen, ergibt die Höhenmessung ein breites Streuband von mehr als ± 60 N/mm² bei $\varphi_v = 0,6$, das mit zunehmendem Umformgrad immer weiter anwächst.

Für den Verlauf des Umformwiderstandes stellt der konventionelle Stauchversuch ohne Schmierung bei der Messung der Probenhöhe eine obere Schranke dar, während mit zunehmendem Schmiertaschenvolumen die erforderliche Stauchkraft und somit auch der Umformwiderstand k_w abnehmen.

Der hohe Umformwiderstand beim Stauchen von Proben ohne Schmiertaschen ist mit der Fließbehinderung im Stirnflächenbereich, die zu einem erheblichen Kraftanstieg führt, sowie mit der tonnenförmigen Aufwölbung zu erklären, die bei Höhenmessung zu kleine Umformgrade ergibt und damit den Verlauf des Umformwiderstandes erhöht. Für $\varphi_v = 1,0$ liegt der Umformwiderstand um ca. 35% zu hoch gegenüber der quasi homogen gestauchten Standardprobe.

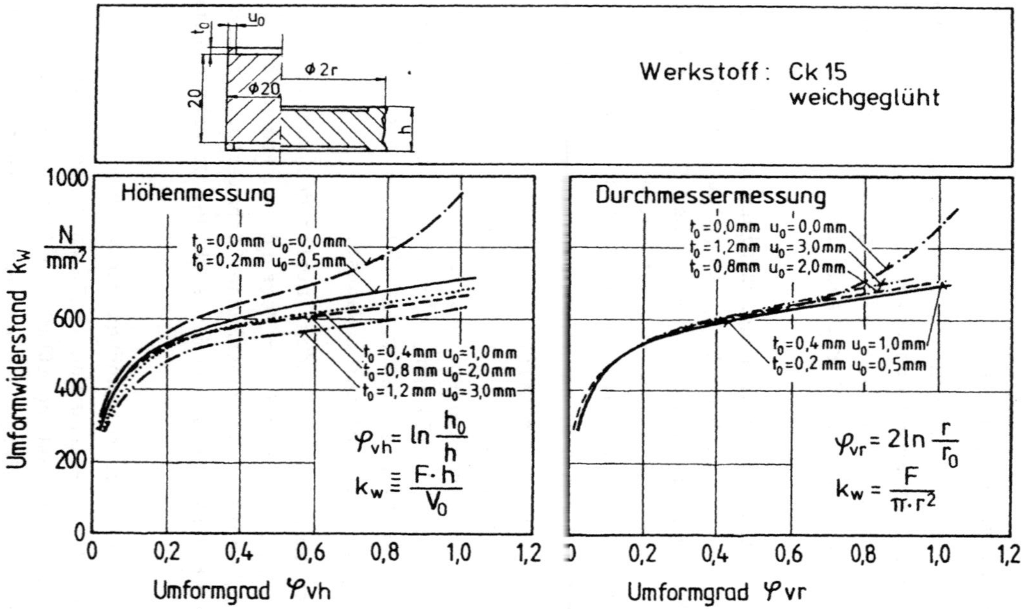

Bild 52: Verlauf des Umformwiderstandes in Abhängigkeit vom Umformgrad für unterschiedliche Wulstabmessungen bei Höhen- und Durchmessermessung.

Beim Stauchen von Proben mit Schmiertaschen wird durch die Voreilung des Wulstes (vgl. Abschnitt 6.1.4) eine zusätzliche Höhenabnahme gemessen. Der daraus zu hoch errechnete Umformgrad führt nach Gleichung (53) zu einem zu niedrigen Umformwiderstand. Das experimentelle Ergebnis entspricht der in Abschnitt 4.2.3 berechneten und in Bild 21 dargestellten Tendenz, wonach eine Vergrößerung des Schmiertaschenvolumens zu einer Erniedrigung der erforderlichen Umformleistung und damit zu einem kleineren Umformwiderstand führt.

Je besser die Homogenität der Umformung ist, umso geringer ist auch die Abweichung zwischen k_w und der Fließspannung k_f. Für das kleinste Schmiertaschenvolumen ergibt sich im dargestellten Fall bei weitgehend homogener Umformung die beste Übereinstimmung. Da bei Rastegaev-Proben die Meßfehler durch den voreilenden Wulst verursacht sind und dieser Effekt bereits bei kleinen Umformungen einsetzt, ist das gemessene Streuband von Proben mit Schmiertaschen schon bei kleinen Umformgraden recht groß und erhöht sich ab φ_v = 0,6 nur noch wenig. Beim Stauchen streut der ermittelte Umformwiderstand für Rastegaev-Proben mit unterschiedlichen Wulstabmessungen bei φ_v = 1,0 etwa um 10%. Im Gegensatz zur konventionellen Probe weisen alle Stauchproben mit Schmiertaschen einen annähernd logarithmischen Verlauf der Funktion $k_w(\varphi)$ auf. Der reibungsbedingte Kraftanstieg bei großen Umformgraden ist unterdrückt.

Bei der Messung des Probendurchmessers in halber Probenhöhe ist die Streuung der Werte von k_w wesentlich geringer als bei der Höhenmessung (Bild 52). Das Streuband beträgt weniger als 4%.

Die konventionelle Probe liegt bis zu einem Umformgrad φ_v = 0,7 innerhalb dieser Streubreite. Für größere Umformgrade wird ein reibungsbedingt steiler Anstieg des Umformwiderstandes gemessen. Dieser steile Anstieg ist auf das Ende der freien Ausbauchung und ein Anlegen der Mantelfläche zurückzuführen, wie es schon im Abschnitt 7.1.2 beschrieben wurde.

Beim Stauchen von Proben mit Schmiertaschen überrascht es, daß mit Zunahme der Wulstabmessungen ein höherer Umformwiderstand berechnet wird. Diese Tendenz kann möglicherweise mit Hilfe früherer Untersuchungen zum Stauchversuch erklärt werden. Reicherter [30] erkannte, daß bei tonnenförmiger Ausbauchung der Proben an der Stelle des maximalen Querschnitts, also in der waagrechten Symmetrieebene, radiale und tangentiale Zugspannungen auftreten können. Die Höhe der Zugspannungen hängt außer vom momentanen Schlankheitsgrad wesentlich vom Krümmungsradius der Mantelkontur ab. Je stärker die Krümmung ist, umso größer werden die Zugspannungen.

Bei Proben mit ausgeprägter konkaver Form kehrt sich die radiale und tangentiale Zugspannung möglicherweise in eine Druckspannung um. Dadurch wird das radiale Fließen des Werkstoffs in der waagrechten Symmetrieebene stärker behindert und der gemessene Umformwiderstand erhöht.

Höhen- und Durchmessermessung beinhalten durch die unterschiedliche Meßmethode auch unterschiedliche Fehler. Eine konkave Probenform ergibt bei der Höhenmessung einen zu niedrigen, bei der Durchmessermessung dagegen einen zu hohen Umformwiderstand. Ist die Umformung homogen, so fallen die Ergebnisse zusammen. Der Umformwiderstand entspricht der Fließspannung k_f.

Bild 53 zeigt die Fließkurve von Ck 15, die beim nahezu homogenen Stauchen aus Höhen- und Durchmessermessung ermittelt wurde, in linearer und doppellogarithmischer Darstellung. Für kleine Umformgrade wird infolge der Wulstvoreilung aus der Höhenmessung eine geringfügig niedrigere Fließspannung bestimmt. Die doppellogarithmische Darstellung löst die voneinander abweichenden Ergebnisse beider Meßmethoden im Anfangsbereich etwas höher auf. Sie zeigt sehr anschaulich, inwieweit das Aufstauchen und Ausbiegen des Wulstes (Bild 42) einen Meßfehler bei der Fließkurvenaufnahme verursacht. Die Abweichung bleibt unter 10 N/mm² und ist damit in der Größenordnung der Meßgenauigkeit.

Vergleicht man die aus der Höhenmessung und der Durchmessermessung gewonnenen Fließkurven, so ergibt die Höhenmessung im allgemeinen zu niedrige Fließspannungswerte. Die Ergebnisse lassen sich folgendermaßen zusammenfassen: Je größer die Abmessungen u_0 und t_0 des Wulstes sind, umso größer wird die Abweichung, je schlanker er ist, umso früher tritt sie auf und je größer der

Schlankheitsgrad der Probe ist, umso kleiner wird die Differenz bei der Fließkurve.

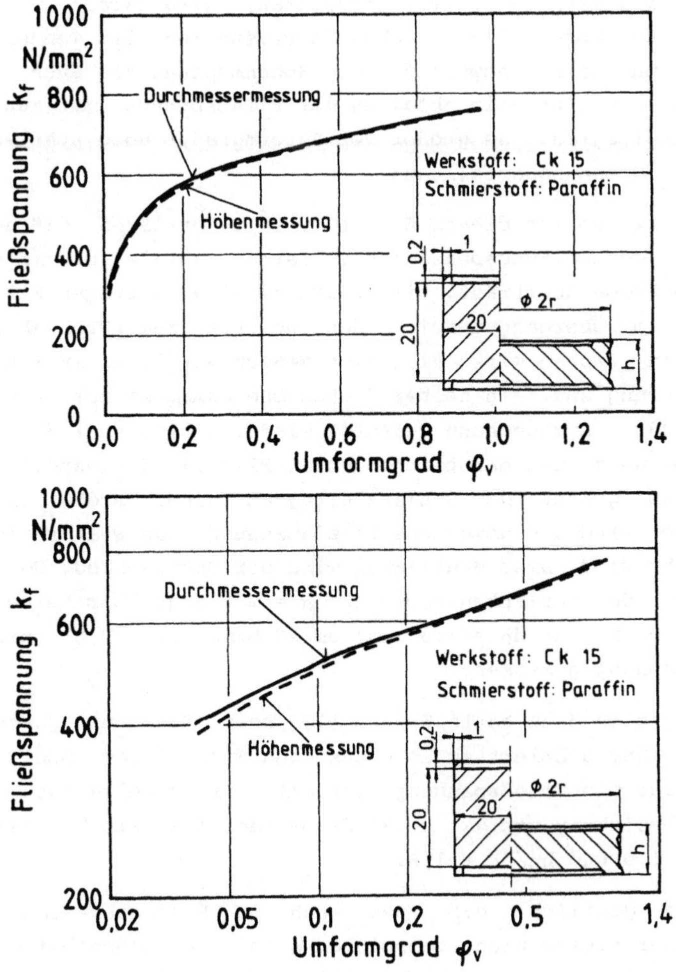

Bild 53: Fließkurve von Ck 15 in linearer und doppellogarithmischer Darstellung.

7.2.3 Einfluß des Schlankheitsgrades

Der Schlankheitsgrad h_0/d_0 wurde von 1,0 bis 1,6 variiert. Da sich Differenzen von Höhen- und Durchmessermessung mit zunehmendem Schlankheitsgrad weiter reduzieren, wird darauf verzichtet, beide Meßmethoden bildlich gegenüberzustellen. Die Tendenzen sind gleich und zeigen sowohl für die Höhenmessung als auch für die Durchmessermessung ein Abfallen der Fließspannung mit zunehmendem Schlankheitsgrad. Je größer der Umformgrad, umso stärker wirkt sich der Spannungsabfall aus.

Möglicherweise ist dieser Effekt damit zu erklären, daß der Wulst infolge der Reibungsbehinderung kleine radiale Druckspannungen auf die Probe überträgt. Dies führt zu einer geringen Fließbehinderung im Übergangsbereich des Wulstes zum Probenkern. Bei schlanken Proben wirkt sich dies jedoch nur lokal in Form einer Einschnürung aus. In halber Probenhöhe kommt es zur Ausbauchung (Bild 39). Ausbauchung bedeutet wiederum eine Erniedrigung der Fließspannung und entspricht der in Bild 54 dargestellten Tendenz. Je größer der Schlankheitsgrad einer Probe ist, umso niedriger wird die gemessene Fließspannung. Je weiter die Probe gestaucht wird, umso deutlicher wird der Unterschied. Bei $\varphi_v = 0,8$ wird mit der schlanken Probe $h_0/d_0 = 1,6$ gegenüber einer Standardprobe mit $h_0/d_0 = 1,0$ eine um 20 N/mm² oder 2,8% niedrigere Fließspannung gemessen.

Im Vergleich dazu hatte Krause [13] beim Stauchen geschmierter Proben ohne Schmiertaschen ebenso den Einfluß des Schlankheitsgrades auf die Fließspannung bestimmt. Er erzielte für $\varphi_v = 0,8$ eine Abweichung von $\Delta k_f = 130$ N/mm² oder 18% beim Vergleich von $h_0/d_0 = 1,0$ und $h_0/d_0 = 1,6$.

Es wird deutlich, daß zwar auch im Rastegaev-Stauchversuch Reibungseinflüsse nicht vermeidbar sind, daß jedoch bei günstiger Probenabmessung die daraus resultierenden Fehler weitgehend eliminiert werden können.

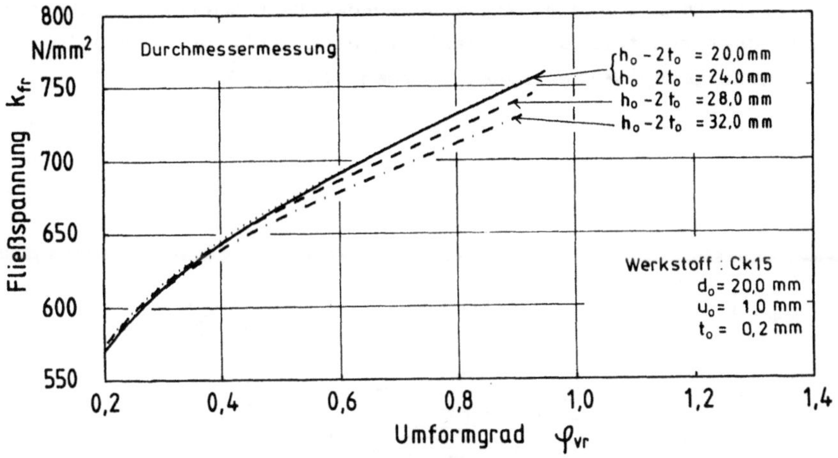

Bild 54: Einfluß des Schlankheitsgrades auf die Fließkurve bei der kontinuierlichen Durchmessermessung.

7.2.4 Einfluß der Umformgeschwindigkeit

Im Vergleich zur Warmumformung hat die Umformgeschwindigkeit bei Raumtemperatur nur einen untergeordneten Einfluß auf den Verlauf der Fließkurve. Im wesentlichen sind zwei Effekte wirksam, die sich jedoch bei Raumtemperatur nahezu aufheben.

Zum einen wird der Umformung bei erhöhter Geschwindigkeit ein höherer Widerstand entgegengebracht. Zum anderen kann bei schnell ablaufenden Vorgängen weniger Wärme an das Werkzeug abgeführt werden, wodurch sich die Probe im Laufe des Stauchvorganges stärker erwärmt. Die Temperaturerhöhung kann bei schnell ablaufenden Vorgängen mehr als 100°C betragen. Beim Stauchen von Ck 15 mit $\dot{\varphi}$ = 0,04 s^{-1} wurde bereits ein $\Delta\vartheta$ = 50°C gemessen (Bild 30). Mit steigender Temperatur der Stauchprobe reduziert sich aber auch die Fließspannung k_f. Weil die Temperaturerhöhung erst mit größerer Umformung wirksam wird, mißt man beim Stauchen mit hoher Geschwindigkeit gegenüber der isothermen Fließkurve eine Spannungserhöhung bei kleinen und eine Spannungserniedrigung bei großen Umformgraden, so daß der logarithmische Fließkurvenverlauf beim isothermen Stauchen mit zunehmender Umformgeschwindigkeit in einem eher rechteckigen Verlauf mit einer höheren Schwelle und einer geringeren Verfestigung übergeht (Bild 55).

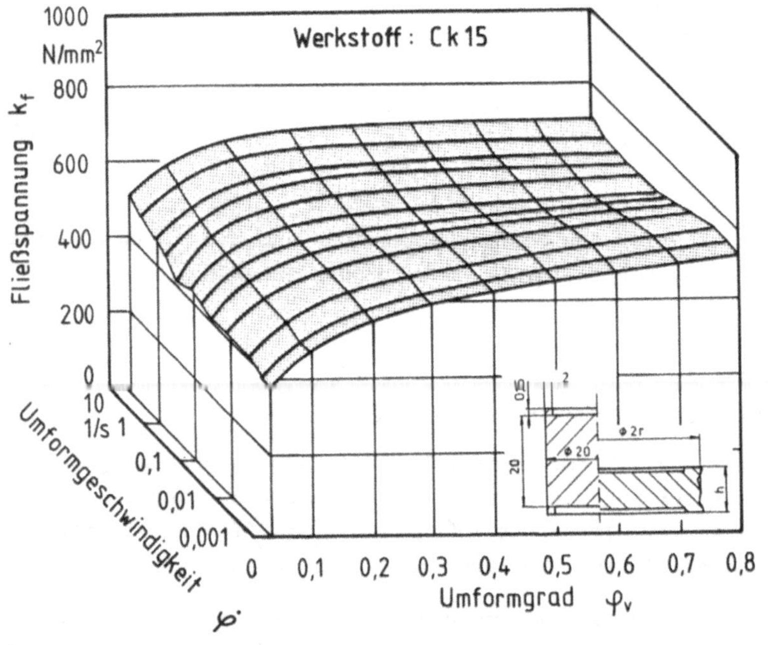

Bild 55: Einfluß der Umformgeschwindigkeit auf den Fließkurvenverlauf.

Weil beim konventionellen Stauchen durch die große metallische Kontaktfläche ein Großteil der freiwerdenden Wärme an das Werkzeug abgeführt wird, ist der thermische Effekt weniger ausgeprägt als beim Stauchen von Rastegaev-Proben, wo das Paraffin den Wärmestrom im Schmiertaschenbereich sehr stark einschränkt.

Bild 56 beschreibt den Einfluß der Umformgeschwindigkeit auf die Fließspannung für den Umformgrad φ_v = 0,8. Der Kurvenverlauf a) zeichnet sich durch eine Hochlage bei kleiner Umformgeschwindigkeit $\dot{\varphi}$ < 0,01 s^{-1} mit quasi isothermer Stauchung aus. Wird die

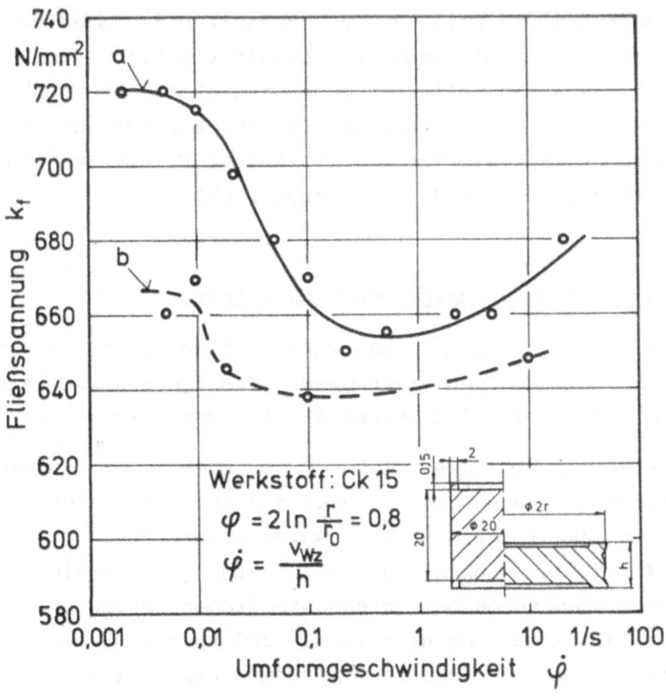

Bild 56: Einfluß der Umformgeschwindigkeit auf die Fließspannung für a Rastegaev-Proben und b konventionelle Zylinderstauchproben nach [50].

Umformgeschwindigkeit erhöht auf $\dot{\varphi}$ = 0,01...0,1 s^{-1}, so führt dies zu einem Abfall der Fließspannung um $\Delta k_f \approx 60$ N/mm². Die Tieflage gilt für den Bereich $\dot{\varphi}$ = 0,1...1,0 s^{-1}. Wird die Geschwindigkeit noch weiter gesteigert, mißt man wieder einen

Anstieg der Fließspannung $\Delta k_f \approx 20$ N/mm².

Messungen von Straßburger u. a. [50] ergaben einen ähnlichen Verlauf (Kurve b) für den konventionellen Stauchversuch mit einer Hochlage bis $\dot{\varphi} \approx 0{,}01\ s^{-1}$, dem Abfall sowie dem geringfügigen Anstieg bis $\dot{\varphi} \approx 10\ s^{-1}$. Bei großen Umformgeschwindigkeiten $\dot{\varphi} > 10\ s^{-1}$ fällt die Fließspannung bei einer Erhöhung der Umformgeschwindigkeit wieder ab.

Für die Aufnahme von Fließkurven ist damit eine Steuerung zum Konstanthalten der Umformgeschwindigkeit vor allem im Bereich $\dot{\varphi} = 0{,}01...0{,}5\ s^{-1}$ sinnvoll. Die Geschwindigkeitsabhängigkeit ist bei Proben mit Schmiertaschen ausgeprägter, als bei konventionellen Stauchproben. Für die Messung isothermer Fließkurven ist eine Umformgeschwindigkeit $\dot{\varphi} < 0{,}01\ s^{-1}$ angebracht.

7.2.5 <u>Fließkurven unterschiedlicher Werkstoffe</u>

Zur Überprüfung der Optimierung wurden Fließkurven von unterschiedlichen Werkstoffen aufgenommen. Die Erkenntnisse aus den Abschnitten 7.2.2 und 7.2.3 wurden dabei direkt umgesetzt.

Weil der Flankenwinkel des Wulstes die maßgebliche Fehlerquelle für inhomogene Umformung ist, dieser jedoch in direkter Relation zu dessen Schlankheitsgrad steht, wurde angestrebt, durch einen breiteren Wulst eine noch homogenere Umformung zu erzielen. Für die Fließkurvenaufnahme bei unterschiedlichen Werkstoffen wird deshalb die Wulstabmessung $u_0 = 0{,}1\ d_0$ und $t_0 = 0{,}15$ mm gewählt. Um mit der maximal verfügbaren Preßkraft $F_{max} = 1$ MN möglichst große Umformgrade zu erzielen, wurde der Durchmesser auf $d_0 = 16$ mm reduziert. Eine Probenendhöhe von mindestens 4,7 mm gewährleistet, daß die radialen Wegaufnehmer nicht mitgestaucht werden. Soll dennoch ein maximaler Umformgrad von $\cdot_v = 1{,}6$ möglich sein, muß die Ausgangshöhe der Probe mindestens 23,8 mm betragen. Gewählt wurde ein h_o von 24,3 mm, was einem Schlankheitsgrad $(h_0 - 2 \cdot t_0)/d_0 = 1{,}5$ entspricht.

Jede Fließkurve wird mit Hilfe eines an den Transientenrekorder angeschlossenen Rechners vor Ort ausgewertet. Der komplette Datensatz wird von 4000 auf 200 Wertepaare reduziert, umgerechnet und über Matrixdrucker ausgegeben.

Die Durchmessermessung stellt zweifelsfrei rechentechnisch und im Hinblick auf die Datenmenge, das aufwendigere Meßverfahren dar. Mit Hilfe des steifen Aufnehmerrings sowie der festen Einspannung der radialen Wegaufnehmer hat sich jedoch auch die hohe Genauigkeit dieser Meßmethode gezeigt. Die täglich oft mehrmals durchgeführte Kalibrierung erwies sich wegen der minimalen Streuung als überflüssig. Der Ausgangsdurchmesser konnte kurz vor Erreichen des plastischen Fließens mit so guter Genauigkeit bestimmt werden, daß die Messung der Probengeometrie überflüssig war. Ursache für diese hohe Genauigkeit ist die Zentrierung der Probe zwischen den Stauchbahnen, nachdem das überflüssige Wachs aus dem Schmierspalt gepreßt wurde (Bild 57).

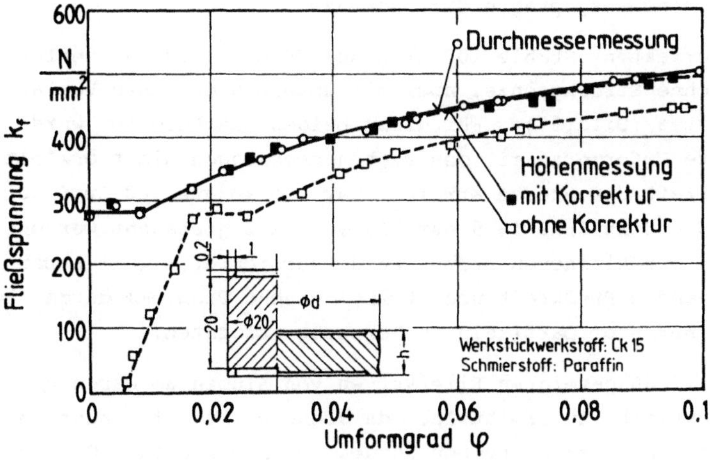

Bild 57: Genauigkeit der Fließkurven aus Höhen- und Durchmessermessung

Bei der Höhenmessung fällt zwar eine kleinere Datenmenge an, die jedoch um den Betrag der Werkzeugauffederung korrigiert werden muß. Dazu war für jeden Versuch die genaue Eingabe von h_0 und h_1 erforderlich.

Wird die Auffederung kompensiert, stimmen die Ergebnisse beider Methoden gut überein. Die Abweichung betrug weniger als 2%, wobei die Höhenmessung durch die Verformung des Wulstes bei kleinen Umformgraden zu niedrig und bei großen Umformgraden durch Ausbauchung zu hohe Werte für die Fließspannung ergab.

Die Probenform der untersuchten Werkstoffe, wie sie in den Bildern 58 - 61 als Fließkurven beschrieben sind, blieb beim Stauchen weitgehend zylindrisch. Lediglich bei X5 CrNi 18 9 bauchte die Probe aus. Da bei diesen Werkstoffuntersuchungen der Durchmesser gemessen wurde, kann man davon ausgehen, daß geringfügige Ausbauchungen den gemessenen Verlauf nicht verfälschen.

In Bild 58 zeigen die Fließkurven der Stahlwerkstoffe einen gleichmäßigen Verlauf ohne einen extremen reibungsbedingten Anstieg am Vorgangsende. Während Ck 15 und X10 Cr13 bei sehr kleinen Umformgraden bereits stark verfestigen, zeigen 16 MnCr 5 und C 45 eine ausgeprägte Streckgrenze.

Die höherfesten Stähle 100 Cr 6 und X5 CrNi 18 9 verfestigen dagegen ohne Streckgrenze, aber mit unterschiedlichem Verlauf des n - Wertes (Bild 59). Für diese beiden Werkstoffe wurde der gewünschte Umformgrad mit den Probenabmessungen nicht erzielt, da die Nennkraft der Presse erreicht war. So konnte 100 Cr 6 nur bis $\varphi_V = 1,35$ und X5 CrNi 18 9 nur bis $\varphi_V = 1,2$ gestaucht werden. Auf Versuche mit kleineren Proben wurde verzichtet, weil außer der unzureichenden Preßkraft noch tribologische Probleme durch Adhäsion von Werkstoffpartikeln am Werkzeug auftraten.

Die in Bild 60 gezeigten Fließkurven von Aluminium waren hingegen unproblematisch zu ermitteln, da diese Werkstoffe sehr duktil sind. Bei kleineren Proben wurde, ebenso wie für Ck 15 und 16 MnCr 5 ein kontinuierlicher Verlauf der Fließkurve bis $\varphi_V > 1,6$ gemessen.

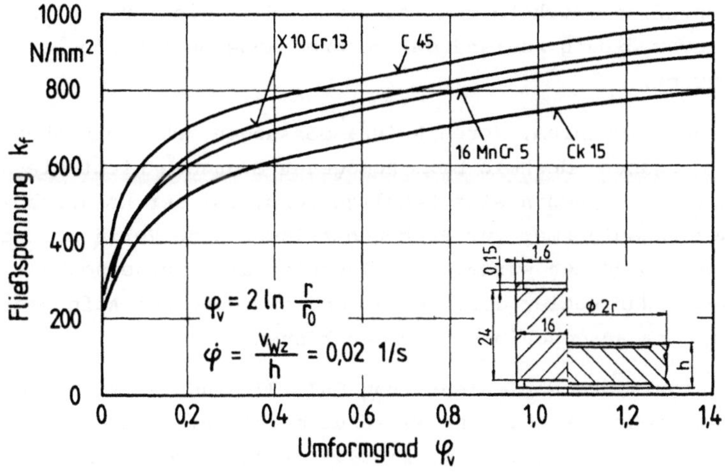

Bild 58: Fließkurven von optimierten Stauchproben mit Schmiertaschen aus Stahlwerkstoffen.

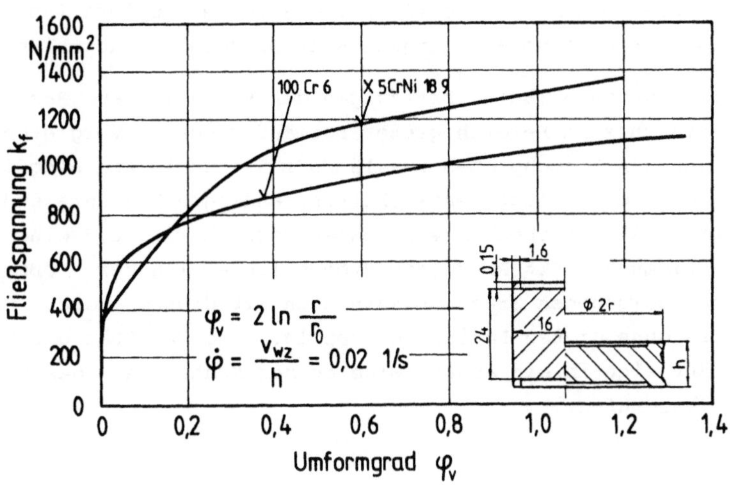

Bild 59: Fließkuven von höherfesten Stählen.

Insbesondere stranggepreßtes Aluminium zeigt außergewöhnliches Werkstoffverhalten mit einem trapezförmigen Längsschnitt der Probe. Ein ähnliches Verhalten stellte auch Pöhlandt [120] an fließgepreßten Werkstoffen fest und führt dies auf eine Querschnittsverwölbung während der vorangegangenen inhomogenen Umformung zurück.

Proben aus Aluminium, deren Wulstabmessungen sehr fein abgestimmt waren, ergaben deshalb beim homogenen Stauchen nicht die exakt zylindrische, sondern eine kegelige Form, bei der Relativbewegungen der Wegaufnehmer zur Probenoberfläche eine Verfälschung der Fließkurve bedeuten würde. Mit Tuschierfarbe wurde deshalb nachgewiesen, daß Fehler durch eine Längsbewegung der Aufnehmer zur Probenfläche ausgeschlossen werden können.

Kupfer sowie die Kupferlegierung CuZn 37 sind in tribologischer Hinsicht sehr gut für eine Fließkurvenaufnahme geeignete Werkstoffe, mit denen große Umformgrade erreicht werden können, ohne daß Adhäsion befürchtet werden muß. Während CuZn 37 ein kleines k_{f0} in Verbindung mit hoher Verfestigung zeigt, weist die Fließkurve von reinem Kupfer einen flachen Verlauf bei hoher Anfangsfließspannung auf (Bild 61). Beide Werkstoffe waren vor dem Stauchvorgang keiner besonderen Wärmebehandlung unterzogen worden. Die hohe Anfangsfestigkeit des reinen Kupfers ist möglicherweise auf eine vorangegangene Kaltumformung zurückzuführen.

Die Fließkurvenverläufe bestätigen den Vorteil des Rastegaev-Stauchversuches im Bereich großer Formänderungen. Vergleichsmessungen an den Stauchproben aus 16 MnCr 5, Ck 15 und AlMgSi 0,5 mit einem am Institut entwickelten analogrechnerunterstützten Meßaufbau [25] ergaben im erfaßbaren Bereich $\varphi_v < 0{,}7$ eine gute Übereinstimmung. Mit Rastegaev-Proben ließe sich der Meßbereich nach den gewonnenen Erkenntnissen auch mit diesem Gerät möglicherweise ohne großen Fehler verdoppeln. Die Qualität des Resultats läßt sich in einfacher Weise an der Kontur der gestauchten Proben überprüfen.

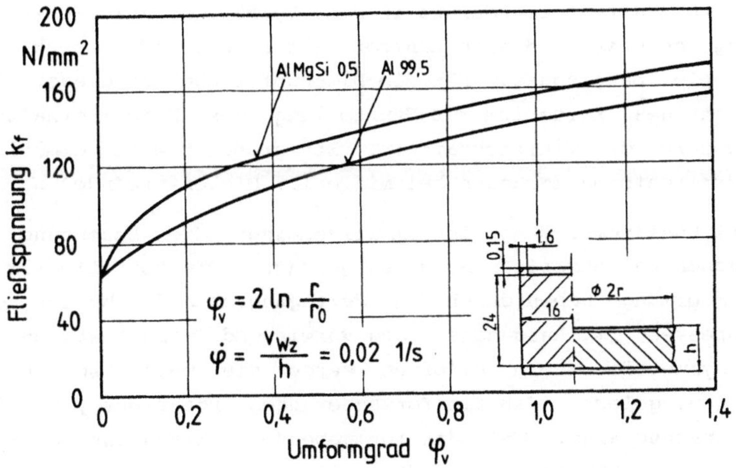

Bild 60: Fließkurven von reinem und legiertem Aluminium.

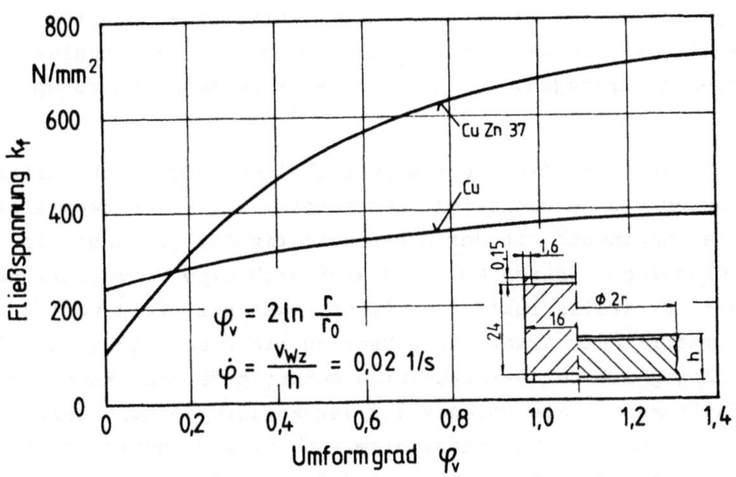

Bild 61: Fließkurven von Kupfer und Messing.

8 Plastische Anisotropie

8.1 Allgemeines

Ihre größte Bedeutung hat die plastische Anisotropie in der Blechumformung. Zu ihrer Beschreibung wird die im Zugversuch ermittelte Breitenformänderung in das Verhältnis zur Dickenformänderung gesetzt und nach Lankford als r-Wert oder senkrechte Anisotropie bezeichnet. Für die Blechumformung ist dieser Wert ein wichtiges Kriterium zur Beurteilung des Umformverhaltens, insbesondere der Tiefziehbarkeit. Ein großer r-Wert ermöglicht große Breitenformänderungen bei minimaler Dickenformänderung.

In der Massivumformung ist im allgemeinen die Bedeutung der plastischen Anisotropie weniger ausgeprägt. Die Rohteile für die Massivumformung haben durch den Fertigungsablauf, Walzen oder Strangpressen im Ausgangszustand vorwiegend Fasertexturen mit hoher Symmetrie. Beim Umformen werden sie meist so in das Werkzeug eingelegt, daß die Formänderungen rotationssymmetrisch zur Faserachse sind. Weil das formgebende Werkzeug das Werkstück vielfach vollständig umschließt, wird das anisotrope Verhalten des Werkstoffs nur selten bemerkt.

Mit abnehmender Symmetrie der Geometrie des umgeformten Werkstücks kann die Anisotropie des Werkstoffs möglicherweise ausgenützt werden, um die erforderlichen Kräfte zu reduzieren oder die möglichen Formänderungen zu erhöhen. Weiterhin müßte es auch durch gezielte Umformung anisotroper Werkstoffe möglich sein, Festigkeitssteigerungen eines Bauteils in den Hauptbelastungsrichtungen zu erzeugen, um damit Bauteileigenschaften zu optimieren.

Im Turbinenbau werden höchste Festigkeiten durch orientiertes Kornwachstum in den Schaufeln erreicht. In Verbundwerkstoffen wird die Komponente mit der höheren Festigkeit geordnet in die Matrix eingelegt. Durch Umformen kann sich eine Vorzugsorientierung der Kristallstruktur ausbilden, was bei Werkstoffen mit wenig symmetrischer Kristallstruktur zu einer ausgeprägten Richtungsabhängigkeit der Werkstückeigenschaften führen kann. Neben der Möglichkeit, die Veränderung der Werkstoffeigenschaften zu untersuchen, hat die Vorgehensweise auch einen praktischen Nutzen im Hinblick auf die Berechnung von Umformvorgängen.

Die stetige Verbesserung von FE-Programmen ermöglicht es, zunehmend komplexere Umformvorgänge mit immer höherer Genauigkeit zu berechnen und dabei gleichzeitig mehr verfahrenstechnische Parameter zu berücksichtigen. Zur vollständigen Beschreibung eines Werkstoffes gehört aber auch die Kenntnis seines anisotropen Verhaltens.

Von Seiten der Kristallographie werden bereits große Anstrengungen unternommen, um aus der Summe der Einzelorientierungen polykristalliner Werkstoffe auf ihr makroskopisch anisotropes Verhalten zu schließen. Im Vergleich dazu stellt die Messung der plastischen Anisotropie durch die Rundheitsmessung gestauchter Proben eine sehr einfache, aber auch für die Umformtechniker praxisnahe Vorgehensweise dar, mit der die Anisotropiedaten ähnlich wie im Zugversuch an Flachproben bestimmt werden können.

8.2 Untersuchte Werkstoffe

8.2.1 Chemische Zusammensetzung

Für die nachfolgenden Anisotropieuntersuchungen wurden Werkstoffe mit hdp-Gitterstruktur verwendet. Diese haben im Vergleich zu den technisch häufiger verwendeten kubischen Werkstoffen eine wesentlich niedrigere Kristallsymmetrie, wodurch das anisotrope Verhalten ziehmlich ausgeprägt ist. Um eine möglichst eindeutige Vorzugsorientierung im Ausgangszustand vorliegen zu haben, wurden stranggepreßte oder rundgeschmiedete Werkstoffe verwendet.

Die untersuchten Werkstoffe waren reines Magnesium Mg 99,8 mit 99,94 Gewichtsprozent Mg-Anteil, Reintitan Ti 99,5 mit 99,87 Gewichtsprozent Ti-Anteil sowie Feinzink Zn 99,98 und eine Magnesiumlegierung MgAlZn 3 mit 3% Aluminium und 0,84% Zink-Anteilen. Die chemische Zusammensetzung sowie die Ergebnisse aus dem Zugversuch befinden sich im Anhang.

8.2.2 Herstellung der Ausgangswerkstoffe

Da die Anisotropie eines Werkstoffes durch seine Herstellung geprägt wird, soll hier kurz auf die vorangegangene Bearbeitung, soweit sie bekannt ist, eingegangen werden.

Magnesium Mg 99,8 wurde im Strang gegossen, abgedreht und anschließend stranggepreßt. Der Blockaufnehmer hatte einen Durchmesser von 300 mm, die Flachmatrize einen Bohrungsdurchmesser von 60 mm. Dies entspricht einem Umformgrad φ_v = 3,24. Der Block war zum Pressen induktiv auf 350°C vorgewärmt. Die Blockaufnehmertemperatur betrug 360°C. Die Strangaustrittsgeschwindigkeit war 0,4 m/s. Die Abkühlung erfolgte an Luft.

Titan wurde im Vakuum-Lichtbogen erschmolzen und zu einem Block mit 850 mm Durchmesser abgegossen. Dieser Block wurde daraufhin zunächst im ß-Zustand bei 1100°C mit einer Freiformschmiedepresse auf Durchmesser 400 mm und im α-Zustand bei 850°C auf Durchmesser 130 mm geschmiedet. Von diesem Ausgangsdurchmesser wurde der Stab auf einer GFM-Langschmiedemaschine auf Durchmesser 42 bis 43 mm reduziert, wärmebehandelt und gerichtet bei 750°C, an Luft abgekühlt und schließlich geschält auf den Enddurchmesser von 40 mm. Durch die Glühbehandlung wurde nach Herstellerangaben die Umformtextur weitgehend abgebaut und in eine Glühtextur umgewandelt, wodurch auch die in den nachfolgenden Stauchversuchen geringe gemessene Anisotropie erklärt wird.

Zink war als Strang mit Durchmesser 125 mm gegossen. Zum Strangpressen wurde der Werkstoff in Blöcken mit l_0 = 240 mm abgelängt und induktiv erwärmt. Die wasserhydraulische Presse mit Speicherantrieb war für das Rückwärtsstrangpressen ausgelegt. Bei einer Blocktemperatur von 240°C und einer Aufnehmertemperatur von 220°C wurde mit einer Geschwindigkeit von 3 mm/s gepreßt. Der Umformgrad betrug φ_v = 2.31. Der Strang wurde nach dem Pressen in Wasser abgeschreckt.

Die Magnesium-Legierung MgAlZn 3 hatte einen Durchmesser von 31 mm und war im Ausgangszustand stranggepreßt. Nähere Informationen liegen nicht vor.

8.2.3 Gefüge im Anlieferungszustand

Unterschiede in der Korngröße über Länge oder Querschnitt eines Stabs führen zu einer Inhomogenität der Fließspannung. Langgestreckte, ausgerichtete Körner verursachen eine geometrische Anisotropie des plastischen Verhaltens. Daher wurde die Korngröße und Kornform über Längs- und Querschliffe der Stäbe bestimmt. Die Werkstoffproben für Gefügeaufnahmen sind aus einem mittleren Stababschnitt entnommen. Die Schliffbilder entstammen aus dem Bereich der Probenmitte. Der mittlere Korndurchmesser wurde nach [121] bestimmt.

Reines Magnesium hat einen mittleren Korndurchmesser von ca. 50 µm. Wie Bild 62 zeigt, sind die Körner weder gestreckt noch weisen sie eine Orientierung auf, so daß zumindest im zentrumsnahen Bereich keine Gefügeanisotropie vorliegt.

Die Magnesiumlegierung hatte im Anlieferungszustand eine sehr feinkörnige Struktur im Vergleich zu Reinmagnesium. Korngrenzen sind selbst bei hoher Auflösung kaum zu erkennen. Dafür fallen in Strangrichung verlaufende Streifen mit unterschiedlichen Grautönen auf. Hier handelt es sich vermutlich um zeilige Ausscheidungen der intermediären γ-Phase Mg_3Al_2 sowie um MgZn in geringen Mengen. Für diesen Werkstoff überlagern sich möglicherweise die texturbedingte und die gefügebedingte Anisotropie.

Bei Zink (Bild 63) liegt der mittlere Korndurchmesser im Bereich von 20 bis 30 µm. Die Längung der Körner ist auch bei diesem Werkstoff unwesentlich. Die Korndurchmesser benachbarter Körner unterscheiden sich zum Teil beträchlich.

Titan hat einen mittleren Korndurchmesser von ≈ 80 µm. Durch die Wärmebehandlung sind die Körner auch im Längsschnitt rund. Ihre Größe ist jedoch wenig einheitlich.

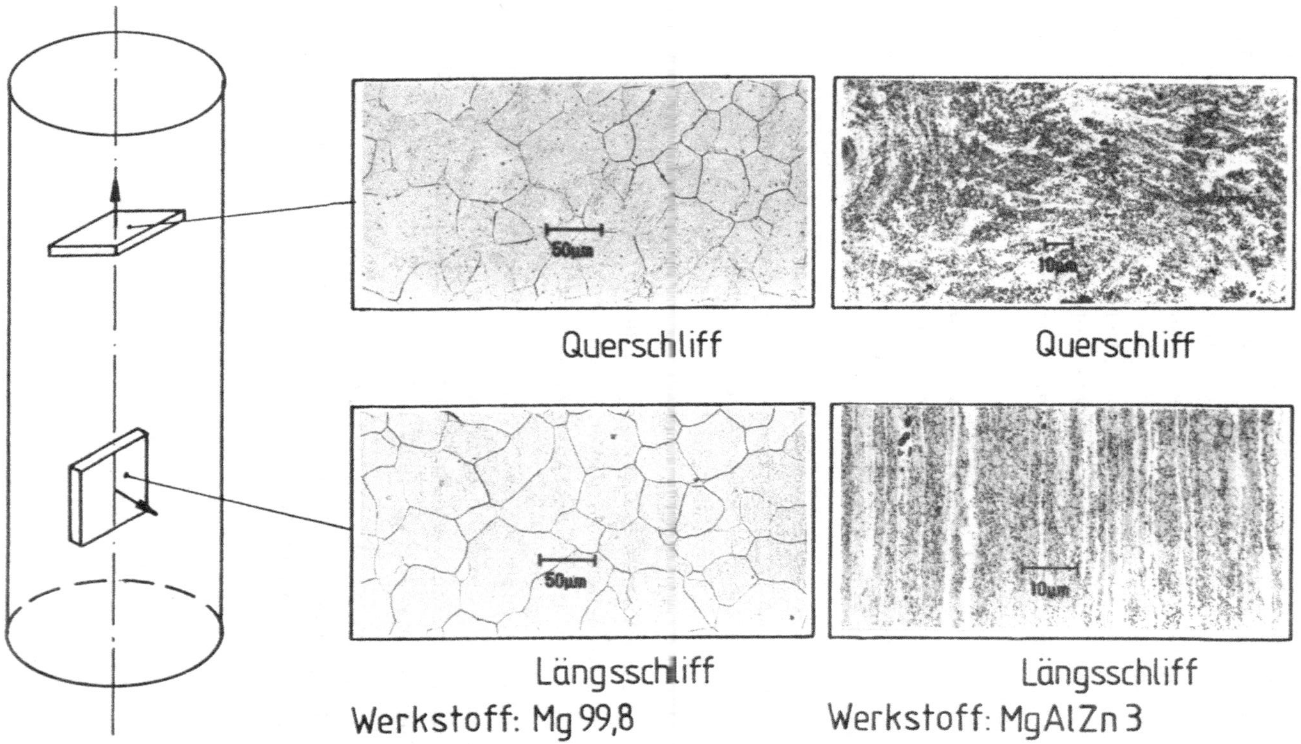

Bild 62: Gefügebilder von Reinmagnesium und MgAlZn3 im Ausgangszustand.

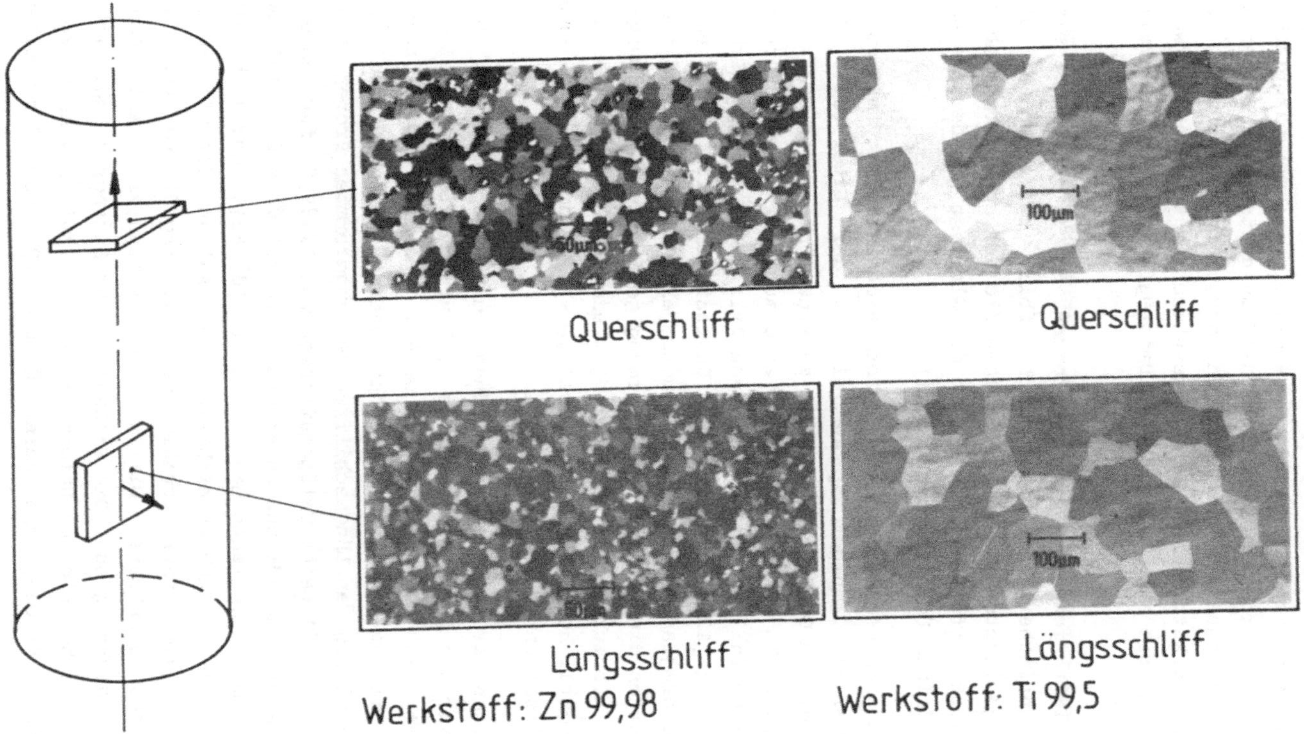

Bild 63: Gefügebilder von Feinzink und Reintitan im Ausgangszustand.

8.2.4 Gefügeveränderung beim Stauchen

Durch Umformen wird das Gefüge verändert. Die makroskopischen Formänderungen werden an geätzten Schliffen gestauchter Proben in Form von Stauchungen und Dehnungen der Körner sichtbar. Da hexagonale Werkstoffe weniger Gleitsysteme als kubische aufweisen, zeigen sie auch bei größeren Umformgraden vermehrt Zwillingsbildung.

Magnesium läßt sich nur begrenzt umformen. Bei φ_V = 0,12 ist eine nur unwesentliche Kornlängung im Schliffbild zu erkennen. Die zahlreich gebildeten Zwillinge bezeugen die schlechte Umformbarkeit des Werkstoffs. Die Möglichkeit des Gleitens ist bereits bei diesem niedrigen Umformgrad erschöpft.

Zink zeigt sich bei der geringen Umformgeschwindigkeit im Stauchversuch weitaus weniger spröde als in der Literatur [122] beschrieben. Im Gefügebild der bis zu einem Umformgrad φ_V = 0,8 gestauchten Probe waren nur wenige Verformumgszwillinge zu erkennen. Ursache für die geringe Zahl von Zwillingen ist möglicherweise die in [122] beschriebene Rekristallisation, die nach großen Umformgraden bereits bei Raumtemperatur auftreten kann. Dadurch werden die während der Umformung gebildeten Verformungszwillinge bis zur Schliffbetrachtung wieder abgebaut. Auch die nur unwesentliche Kornstreckung bei φ_V = 0,8 deutet auf eine Rekristallisation des Gefüges hin.

An Reintitan war die Zwillingsbildung am ausgeprägtesten, bei φ_V = 1,0 war die Zahl der Zwillinge so häufig vertreten, daß die Korngrenzen kaum noch zu erkennen waren. Deshalb wurde dieser Werkstoff mit unterschiedlichen Höhenabnahmen gestaucht und die Gefügeveränderung an Längsschliffen der umgeformten Proben beobachtet. Bild 64 zeigt Gefügeaufnahmen von Ti 99,5 für unterschiedliche Umformgrade und an Proben, die mit ϑ = 0°, 45° und 90° aus dem Strang entnommen waren (Bild 65). Obgleich die Vergößerung der Aufnahmen nicht in allen Fällen übereinstimmt, erkennt man die starke Zunahme der Zwillingsdichte mit der Umformung des Werkstoffs. Die Zwillinge richten sich immer mehr in radialer Richtung aus. Die Probenlage zur Strangrichtung wirkt sich vor allem bei kleinem Umformgrad auf die Zwillingshäufigkeit aus. Während Proben, die unter 0° und 90° zur Strangachse

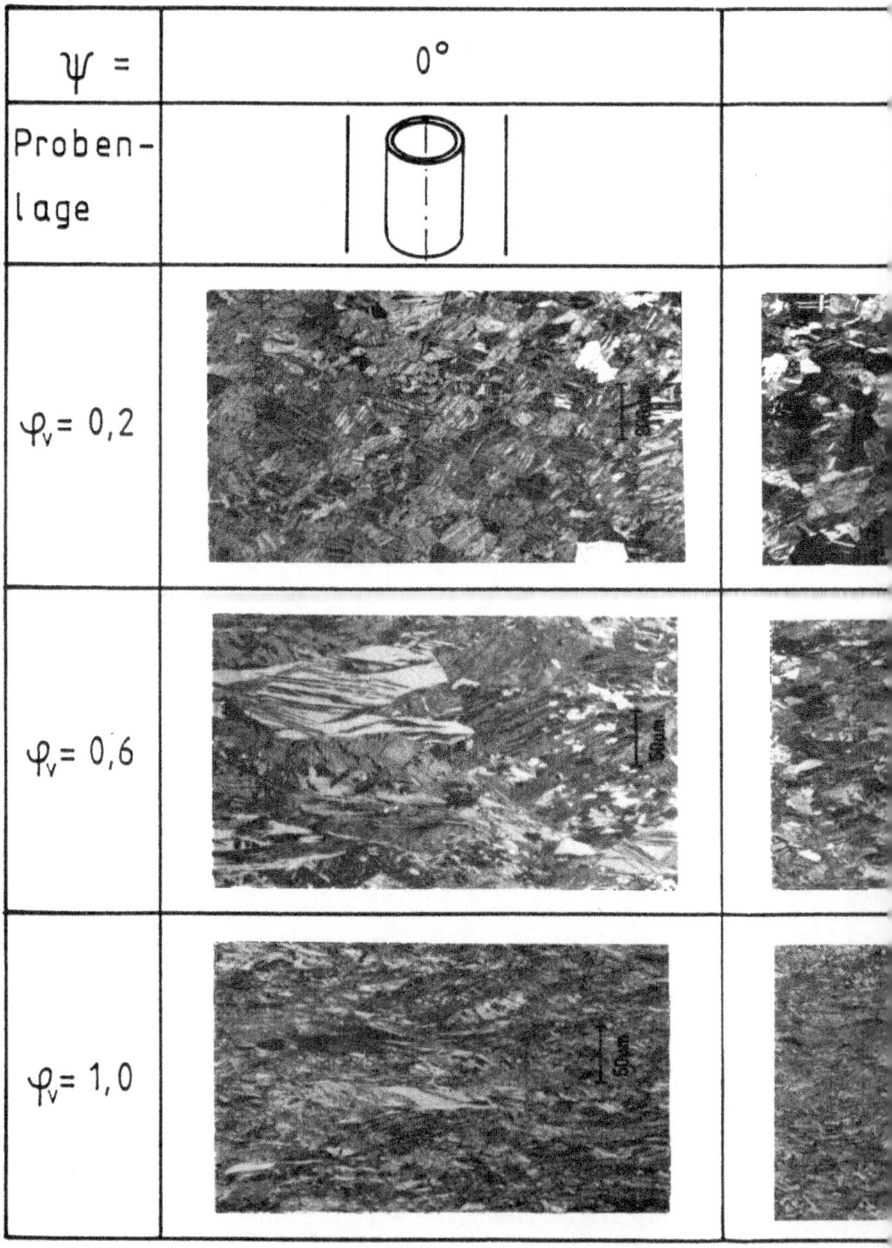

Bild 64: Gefügeveränderung beim Stauchen von Reintitan.

45°	90°
	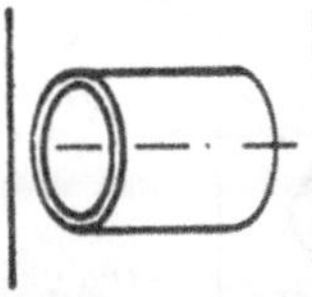

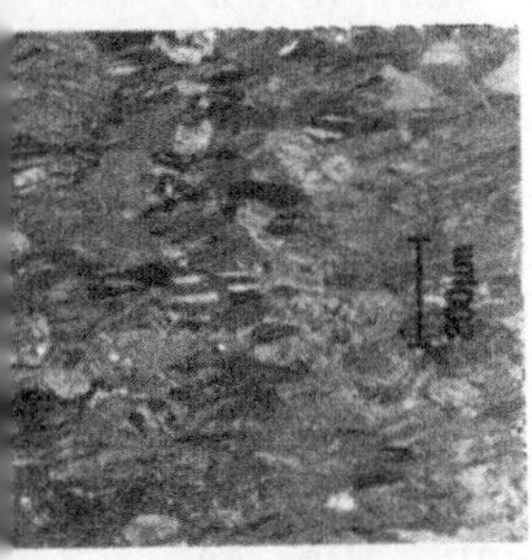	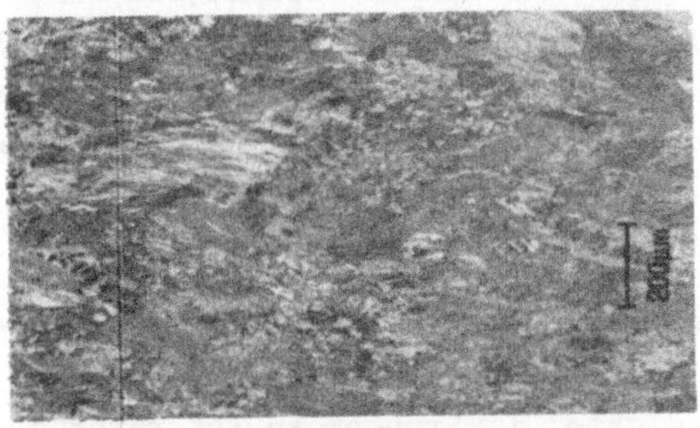
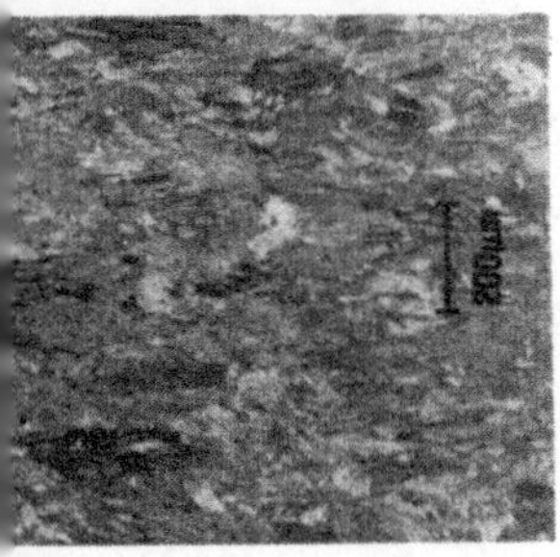	

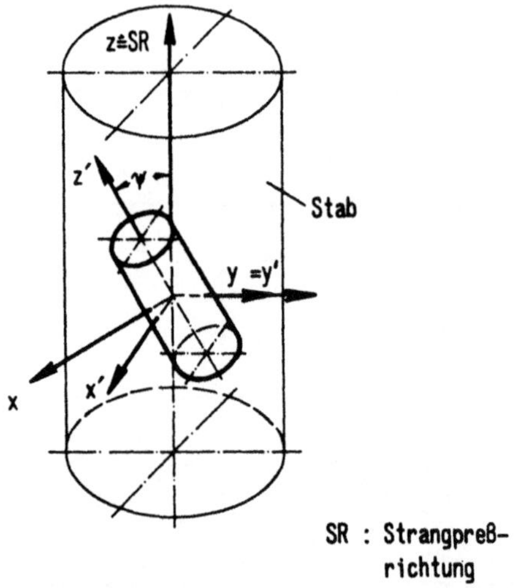

Bild 65: Lage der Stauchproben in den Stäben.

entnommen waren, bei φ_V = 0,2 eine sehr hohe Zwillingsdichte aufweisen, zeigt die unter 45° entnommene Stauchprobe eine vergleichsweise deutlich niedrigere Konzentration von Verformungszwillingen. Wie die zugehörigen Fließkurven zeigen werden, steht die Zwillingsbildung bei Titan in direkter Beziehung zur Fließkurve des Werkstoffes. Da ihre Dichte mit zunehmender Umformung stetig ansteigt, kann sie auch dazu benutzt werden, um qualitativ die Formänderungsverteilung zu zeigen.

Am Längsschliff einer gestauchten Titanprobe (Bild 66) wurde der Bereich des Wulstes bei einem Umformgrad φ_V = 0,2 geätzt. Die Zwillingsdichte im Probenkern ist recht gut konstant, was auf eine homogene Formänderungsverteilung schließen läßt. Im Bereich des Wulstes sind nur wenige Zwillinge zu erkennen, während sich vom Übergang des Wulstes zum Schmiertaschenboden etwa unter 30° bis 40° zur Strangachse ein Band mit hoher Zwillingshäufigkeit zum Probenrand hinzieht, das den wenig verformten Wulstbereich vom homogen umgeformten Probenkern abgrenzt. Diese qualitativen Ergebnisse bestätigen die in Kapitel 4 berechnete Formänderungsverteilung gestauchter Proben.

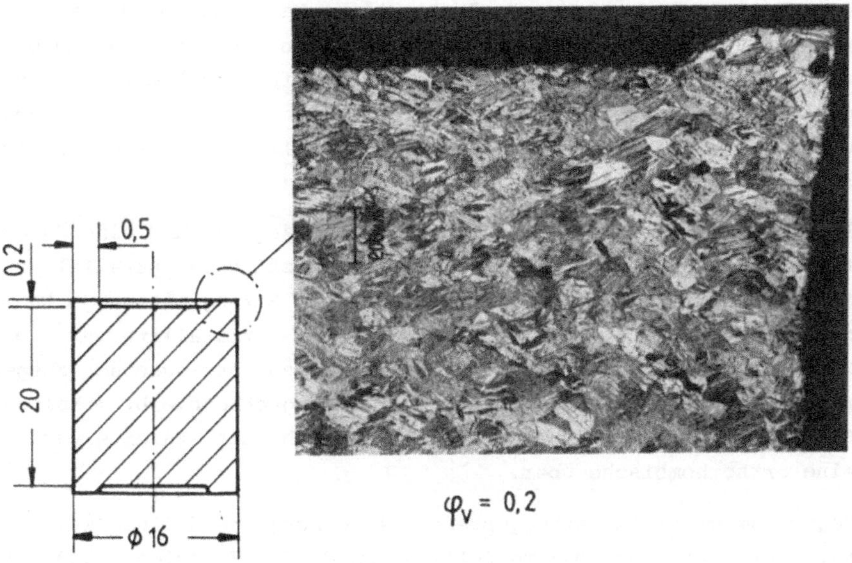

Bild 66: Zwillingsverteilung am Längsschnitt einer gestauchten Ti-Probe.

8.2.5 <u>Texturen der untersuchten Werkstoffe</u>

Die plastische Anisotropie wird ganz wesentlich durch die Textur des Werkstoffs beeinflußt. Die Textur bezeichnet die Häufigkeit einer Kristallorientierung im polykristallinen Werkstoff. In hexagonalen Werkstoffen benutzt man vielfach die Orientierung der Basisebene (0 0 0 1) bezogen auf die Querschnittsfläche des Stranges und beschreibt sie durch eine Polfigur. Da die Aufnahme von Polfiguren für flache Einfallswinkel nur schmale Reflexe ergibt, erfaßt man die Häufigkeitsverteilung nur bis zu einem Winkel von etwa 70°. Symmetriebedingte Auslöschungen verursachen Fehler. Deshalb wurde es vorgezogen, die vollständige Orientierungsverteilungsfunktion zu berechnen. Hierzu wurden die fünf Polfiguren der Basisebene (0 0 0 1), der Prismenfläche $(1\ 0\ \bar{1}\ 0)$ sowie der Pyramidenflächen $(1\ 0\ \bar{1}\ 2)$, $(1\ 0\ \bar{1}\ 1)$ und $(1\ 1\ \bar{2}\ 2)$ gemessen. Daraus wurden durch eine Polfigureninversion die Orientierungsverteilungsfunktion berechnet und hieraus wiederum die vollständigen Polfiguren abgeleitet.

Die Berechnungen wurden am Institut für Metallkunde und Metallphysik der TU Clausthal mit einem dort entwickelten Reihenentwicklungsprogramm für hexagonale Werkstoffe durchgeführt. Weil das Berechnungsprogramm von einer orthorhombischen Textur ausgeht, wurde aus Symmetriegründen lediglich ein Viertel der Polfigur dargestellt.

Alle untersuchten Werkstoffe haben im Ausgangszustand eine Fasertextur, bei der die Mehrzahl der Basisflächen parallel zur Strangachse stehen. Beim Stauchen einer in Strangrichtung entnommenen Probe klappt die Orientierung der Kristallite um. Die Basisflächen sind vorzugsweise senkrecht zur Strangachse ausgerichtet. Die Rotationssymmetrie zur Strangachse bleibt erhalten. Beim Stauchen quer entnommener Proben geht die Fasertextur in eine orthorhombische über.

Magnesium weist im stranggepreßten Ausgangszustand eine Fasertextur auf. Die berechnete Polfigur im Bild 67 zeigt, daß die Basisnormalen [0 0 0 1] bevorzugt quer zur Strangachse ausgerichtet sind. Die Streubreite liegt zwischen 70° und 90°. Die Intensität hat, auf die statistisch regellose Verteilung bezogen, den Wert I_{max} = 4. Nach [83] zeigt stranggepreßtes Magnesium je nach Preßtemperatur eine [1 0 $\bar{1}$ 0] oder eine [1 1 $\bar{2}$ 0] Fasertextur. Die (1 0 $\bar{1}$ 0) Polfigur ergibt ein I_{max} = 2,8 im Streuband 20° bis 30°. Da die Ebenen (1 0 $\bar{1}$ 0) und (1 1 $\bar{2}$ 0) im Winkel von 30° zueinander stehen (Bild 9), ist die [1 1 $\bar{2}$ 0] Fasertextur sehr wahrscheinlich.

Wird der Werkstoff axial mit $._{v}$ = 0,12 gestaucht, so kommt die Basisebene (0 0 0 1) in eine Vorzugslage senkrecht zur Strangachse zu liegen (Bild 67). Die so entstandene scharfe Fasertextur hat eine maximale Intensität von I_{max} = 11,5. Das Streuband ist sehr schmal. Bei 20° ist die Intensität nur noch halb so groß. Die Rotationsymmetrie zur z-Achse bleibt erhalten. Es entstand somit durch das Stauchen aus der [0 0 0 1] Ringfasertextur (Bild A6) eine [0 0 0 1] Fasertextur.

Wird die Stauchprobe quer zur Faserachse entnommen, so liegen die Basisnormalen [0 0 0 1] im Ausgangszustand in einer Ebene, die durch die Probenkoordinatenachsen y' und z' aufgespannt wird.

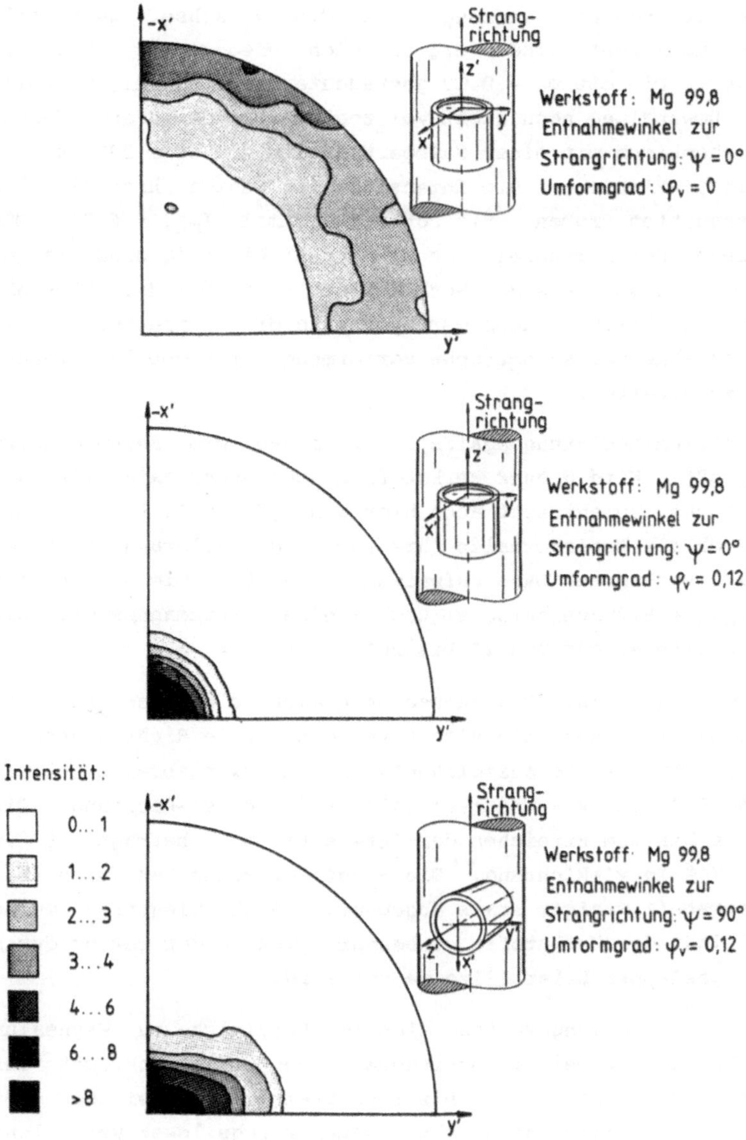

Bild 67: Aus der OVF abgeleitete (0 0 0 1)- Polfiguren von Mg 99,8.

Beim Stauchen klappen diese ebenso wie bei längs gestauchten Proben in eine Lage senkrecht zur Probenachse z' um. Dabei drehen sich die Basisebenen vorrangig um die x'-Achse. Wenn alle Kristalle umgklappt sind, ergibt sich wieder die [0 0 0 1] Fasertextur. Die mit φ_v = 0,12 gestauchte Probe hat diese vollständige Umwandlung noch nicht vollzogen. Die gemessene Textur ist orthorhombisch mit einer Halbwertsbreite von etwa 20° in x'- und 40° in y'-Richtung. Die Intensität ist weniger hoch als bei längs gestauchten Proben. Sie beträgt maximal I_{max} = 6,74. Die Unterschiede der Streubreite in x'- und y'-Richtung sind maßgebend für die Anisotropie des Werkstoffs. Je größer die Höhenabnahme der Stauchprobe, umso geringer wird die Differenz; damit ist eine Abnahme der anisotropen Verformung der Probe in Umfangsrichtung zu erwarten.

Die Magnesium-Legierung MgAlZn 3 war ebenso wie Reinmagnesium stranggepreßt. Wird dieser Werkstoff anschließend axial mit φ_v = 0,12 gestaucht, so entsteht auch hier eine [0 0 0 1] Fasertextur, wobei jedoch die Basisnormalen ihre Vorzugsorientierung in einer 10° bis 20° verkippten Lage aufweisen (Bild 68). Die Intensität ist mit I_{max} = 9,0 annähernd so hoch wie bei Reinmagnesium. Die Halbwertsbreite streut von 2° bis 26°.

Proben, die quer zur Strangachse entnommen sind, zeigen eine orthorhombische Textur, die sich durch eine große Richtungsabhängigkeit der Streubreite auszeichnet. Die Halbwertsbreite beträgt lediglich 10° in x'- und mehr als 40° in y'-Richtung. Die Streubreite bis zum Erreichen der Intensität = 1, beträgt 20° in x'- und 74° in y'-Richtung. Die Ringfasertextur hat sich bei diesem Werkstoff weniger stark abgebaut. Durch Zulegieren wurde die Duktilität des Werkstoffs verbessert, was in der Textur durch weniger umgeklappte Kristallite meßbar wird.

Zink zeigt im Ausgangszustand eine im Vergleich zu Magnesium schwache Textur, wobei die Basisnormale bevorzugt senkrecht zur Strangachse steht (Bild 69). Die Streubreite liegt zwischen 60° und 90°, die maximale Intensität gegenüber regelloser Verteilung beträgt I_{max} = 2,39 bei ca. 80°. Nach Schröder ist bei stranggepreßtem Zink eine Ringfasertextur (0 0 0 1) [1 0 $\bar{1}$ 0] zu erwarten. Da sowohl die Prismennormale, als auch die Basisnormale eine

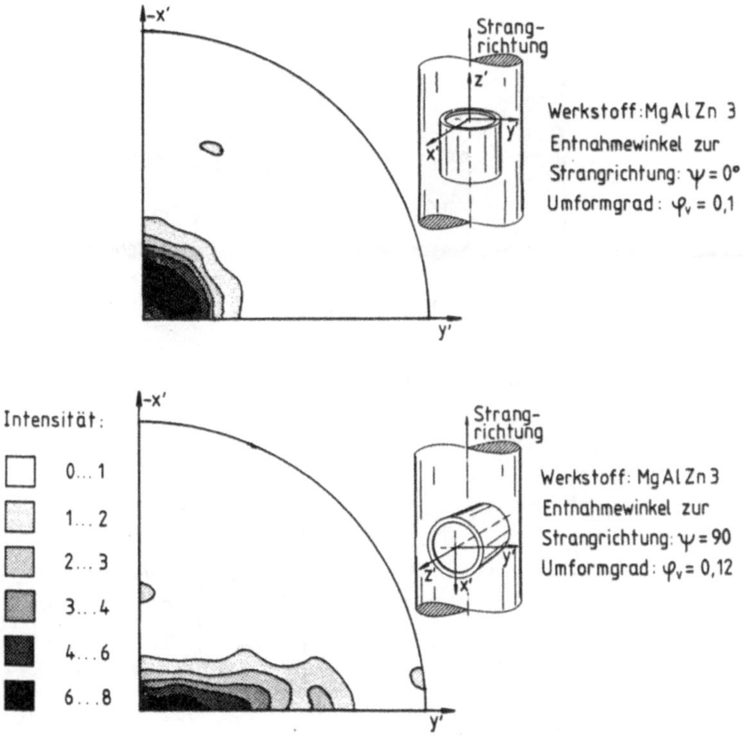

Bild 68: Aus der OVF abgeleitete (0 0 0 1)- Polfiguren von MgAlZn 3.

Drehung um ca. 20° aufweisen, liegt vermutlich im Ausgangszustand eine [1 0 $\bar{1}$ 0] Spiralfasertextur mit einem Neigungswinkel der Faserachse von ca. 20° vor.

Auch bei axial gestauchten Proben mit φ_v = 0,8 ist die Strangpreßtextur nahezu verschwunden. Die Basisnormalen sind großteils umgeklappt und liegen jetzt in einer um ca. 30° verkippten Lage zur Strangachse. I_{max} beträgt 1,92. Die Streubreite entspricht annähernd der Halbwertsbreite und liegt zwischen 14° und 54°. Die schwache Textur kann möglicherweise durch die in [122] erwähnte Rekristallisation des Werkstoffs nach der Umformung bei Raumtemperatur erklärt werden.

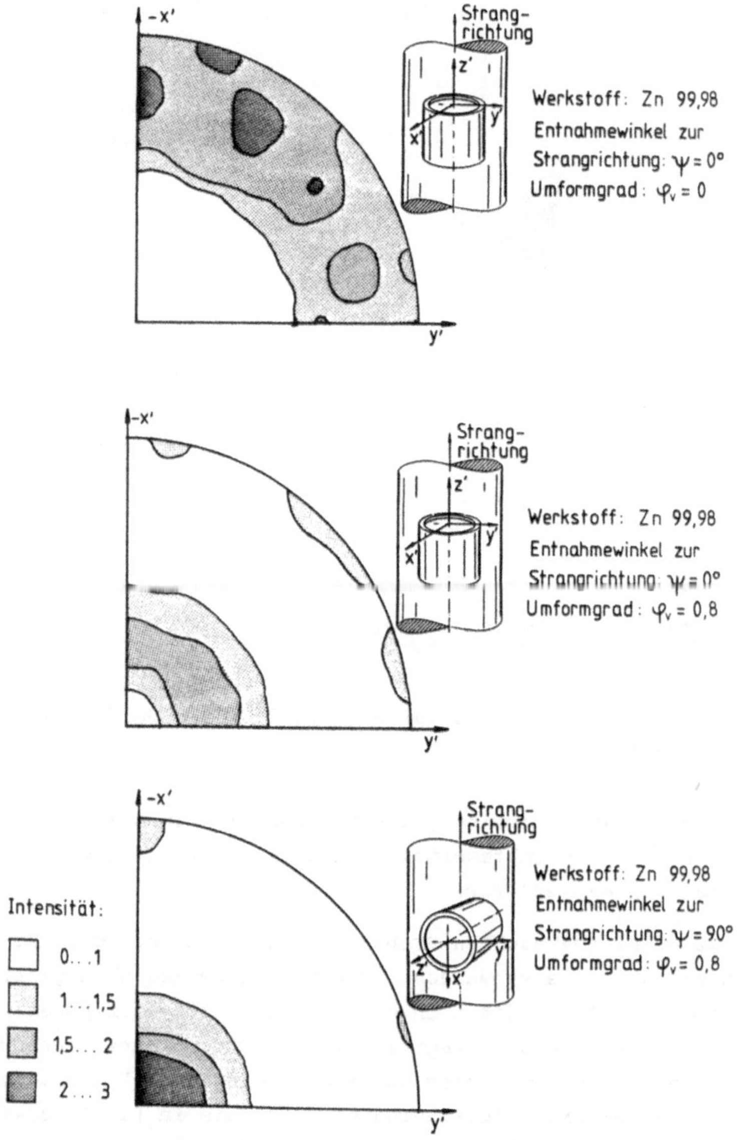

Bild 69: Aus der OVF abgeleitete (0 0 0 1)- Polfiguren von Zn 99,98.

Die quer gestauchte Probe zeigt eine etwas ausgeprägtere Textur als die längs entnommene. Die Basisebenen sind vorzugsweise in eine Lage senkrecht zur Strangachse umgeklappt. Die maximale Intensität beträgt knapp 3 im Vergleich zur statistisch regellosen Verteilung. Die Differenz der Streubreite in x'- und y'-Richtung ist weniger ausgeprägt als bei Magnesium. Die Halbwertsbreiten sind mit 35° in y' gegenüber 28° in x' weniger richtungsabhängig. Die Textur hat sich bei diesem Werkstoff bereits weitgehend zur [0 0 0 1] Fasertextur zurückgebildet.

Titan hat als rundgeschmiedeter Ausgangswerkstoff eine weniger ausgeprägte (0 0 0 1) Ringfasertextur mit einer maximalen Intensität von 4,3 bei 90° und einer Halbwertsbreite von 76° bis 90°. Die Prismenflächennormalen [1 0 $\bar{1}$ 0] weisen mehrheitlich in Strangrichtung, so daß auch von einer [1 0 $\bar{1}$ 0] Fasertextur gesprochen werden kann (Bild 70).

Die längs gestauchte Probe mit φ_V = 0,7 zeigt ähnlich wie gestauchtes Zink Reflexionen von Basisebenen, die parallel zur Strangachse ausgerichtet sind. Maximale Häufigkeit haben jedoch die senkrecht dazu liegenden Basisebenen. I_{max} beträgt 4,8 und wird bei einem Kippwinkel von ca. 20° gemessen. Durch das Stauchen entsteht somit eine [0 0 0 1] Spiralfasertextur (Bild A6).

Wird die Stauchprobe quer zur Strangachse entnommen und gestaucht, so entwickelt sich auch bei Titan aus der Ringfasertextur eine orthorhombische Textur mit einer Vorzugsorientierung der Basisflächen senkrecht zur Strangachse. Die maximale Intensität I_{max} = 4,1 liegt zwischen Magnesium und dem vermutlich rekristallisierten Zink. Die Richtungsabhängigkeit der Textur bleibt selbst bei dem vorliegenden Umformgrad φ_V = 0,7 recht ausgeprägt. Die Halbwertsbreite beträgt 46° in y'- bei 30° in x'-Richtung. Die Streubreite ist nur unwesentlich größer.

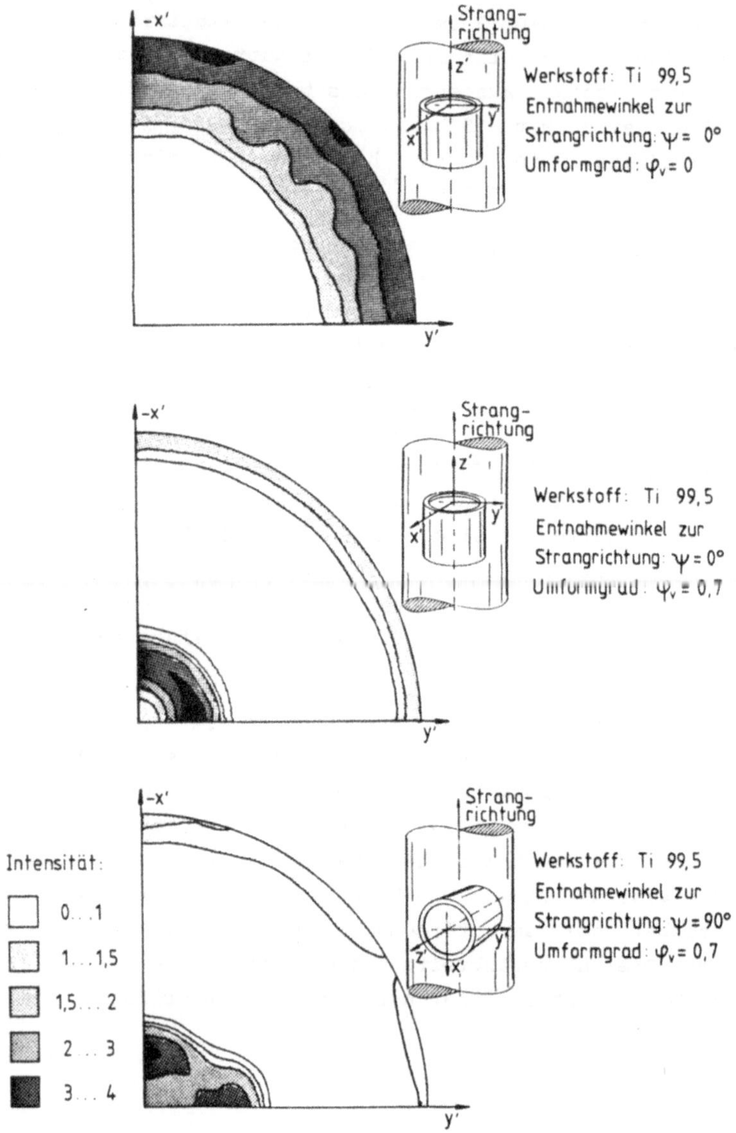

Bild 70: Aus der OVF abgeleitete (0 0 0 1)- Polfiguren von Ti 99,5.

8.3 Anisotrope Verformung

8.3.1 Mantelkontur

Für die Untersuchung des anisotropen Werkstoffverhaltens beim Stauchen wurden Zylinderproben mit $\psi = 0°$, 45° und 90° zur Strangrichtung entnommen und gestaucht. Das Experiment zeigte, daß die 0° und 90° zur Strangachse entnommenen Proben beim Stauchen nahezu zylindrisch bleiben, während die 45° zur Strangachse entnommene Probe Schiebungen aufweist oder zum Bruch neigt, ohne daß eine große Unrundheit gemessen wird.

Bild 71 zeigt die Konturen gestauchter Titanproben mit einer Ausgangshöhe $h_o - 2 \cdot t_o = 20$ mm, einem Durchmesser $d_o = 16$ mm und den Wulstabmessungen $t_o = 0{,}2$ mm, $u_o = 0{,}5$ mm.

Aufgrund der schwierigen tribologischen Randbedingungen bauchen die Proben beim Stauchen zum Teil erheblich aus. Dennoch liegen die Stirnflächen für $\psi = 0°$ und 90° übereinander, während sie sich bei 45° Proben horizontal gegeneinander verschieben. Auch Schröder [83] stellte dies beim gut geschmierten Stauchen fest. Bei Magnesium wurden Brüche parallel zur Strangachse beobachtet.

Als Ursache für die Schiebung kann die Textur des Werkstoffes betrachtet werden. Im Ausgangszustand zeigen alle Werkstoffe eine Vorzugsorientierung der Basisebenen in axialer Richtung. Wird die Probe unter 45° entnommen und gestaucht, so ist die Basisgleitung stark begünstigt. Dies führt bei Titan zu Schiebungen. Bei Magnesium traten Risse in der ehemaligen Strangrichtung auf und führten bei Überschreitung der zulässigen Formänderung zum Bruch der Probe (Bild 72).

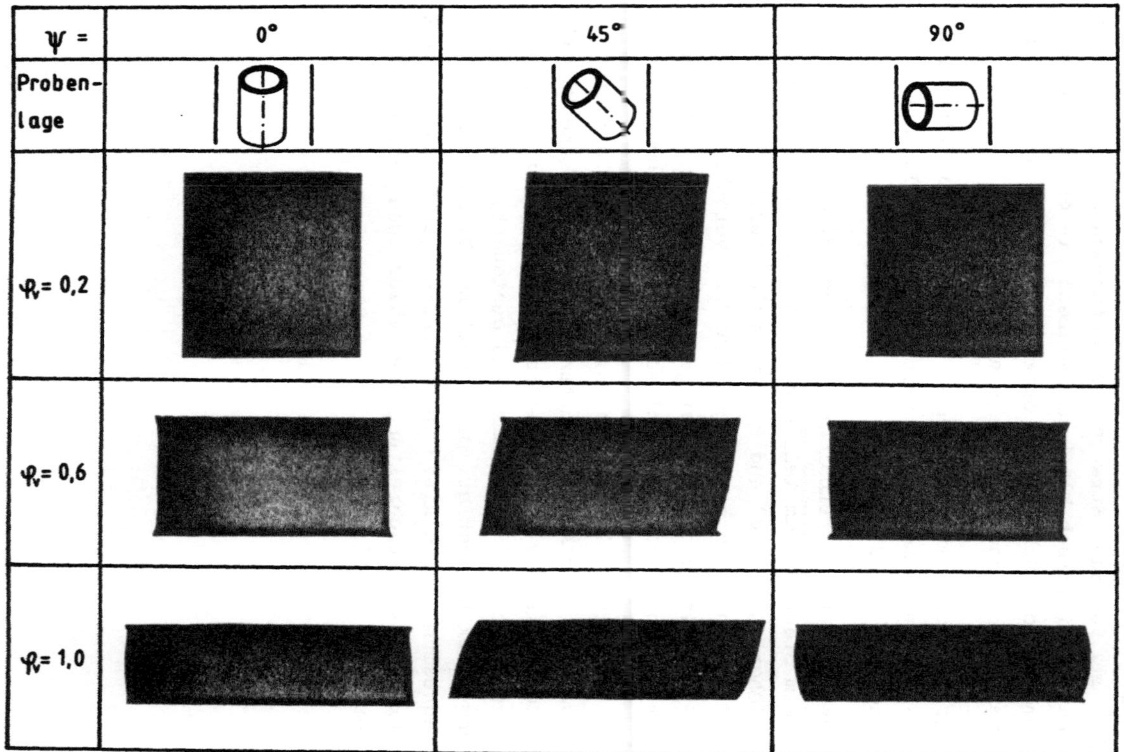

Bild 71: Konturen gestauchter Titanproben mit unterschiedlichen Entnahmewinkeln.

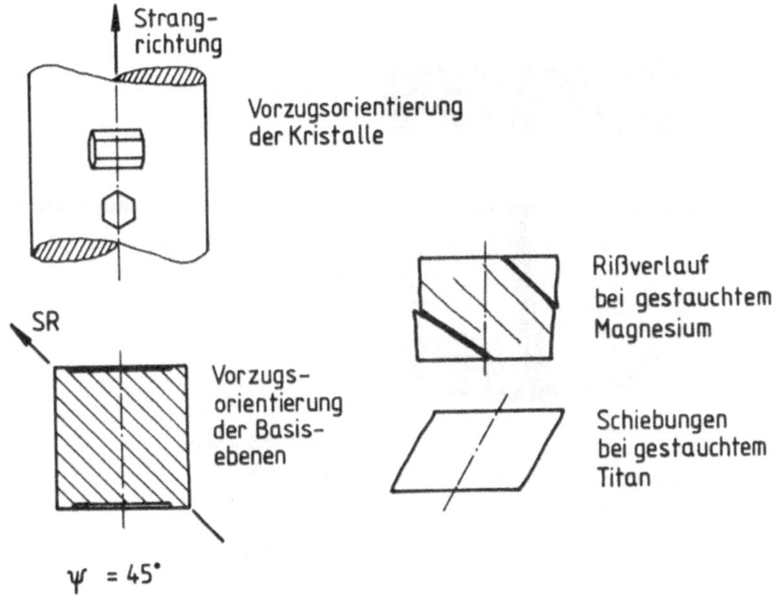

Bild 72: Ausgangstextur als Ursache für Schiebung und Rißbildung.

8.3.2 Rundheit

Da die Beibehaltung der Zylinderform eine Voraussetzung für die meßtechnische Auswertung des Stauchversuchs ist, wurde die anisotrope Verformung an quer entnommenen Proben durch Messung mehrerer Durchmesser am Umfang bestimmt.

Die quer entnommenen Proben werden beim Stauchen unrund (Bild 73). Mittels der radialen Wegaufnehmer kann die Durchmesserzunahme in Strangrichtung und quer dazu während des Stauchens gemessen werden (Bild 74). In Analogie zum Flachzugversuch wird daraus formal ein r-Wert nach folgender Beziehung berechnet:

$$r = \frac{\varphi_{y'}}{\varphi_{x'}} = \frac{\ln(r_{y'}/r_0)}{\ln(r_{x'}/r_0)} \; . \qquad (55)$$

Damit läßt sich die anisotrope Verformung des Werkstoffes auf anschauliche Weise beschreiben.

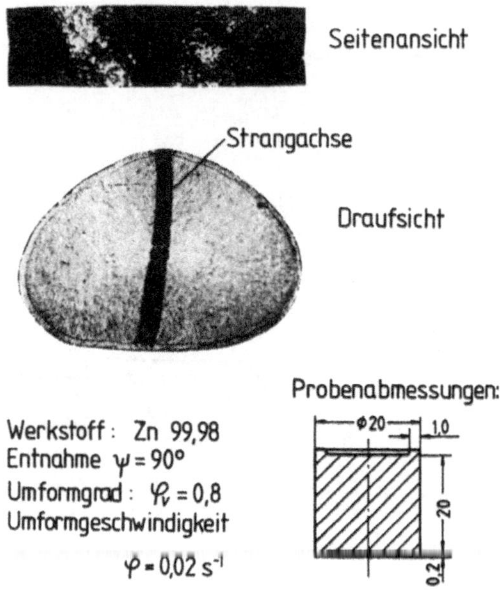

Bild 73: Kontur einer gestauchten Probe mit Anisotropie.

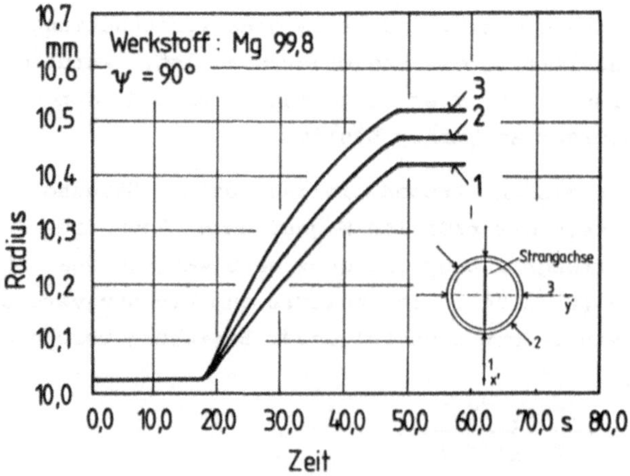

Bild 74: Durchmessermessung bei anisotropen Werkstoffen.

Magnesium zeigt beim Stauchen eine geringe Unrundheit für die mit ψ = 0° und 45° entnommenen Proben, während sich die quer entnommenen Proben stark anisotrop verhalten (Bild 75). Ursache ist die vergleichsweise ausgeprägte Textur des Werkstoffes. Im Ausgangszustand liegen die Basisnormalen großteils senkrecht zur x'- Achse. In der y'- Richtung ist die Wahrscheinlichkeit, daß energetisch günstige Gleitsysteme gefunden werden, wesentlich höher und die Verformung der Stauchprobe demzufolge größer. Daraus resultiert ein vergleichsweise größeres $\varphi_{y'}$ und ein r-Wert, der bei kleinen Umformgraden r = 10 betragen kann und der sich durch das Umklappen der günstigsten Gleitsysteme mit zunehmendem Umformgrad reduziert. Bei sehr großen Umformgraden wird die Ringfasertextur in eine [0 0 0 1] Fasertextur umgewandelt, weshalb zunehmend isotropes Werkstoffverhalten erwartet werden kann.

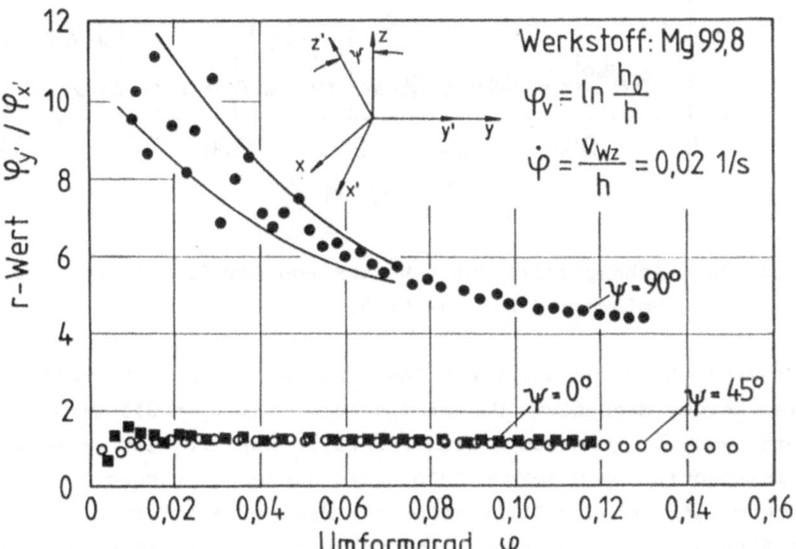

Bild 75: Abhängigkeit des r-Wertes von der Probenlage und vom Umformgrad bei Reinmagnesium.

MgAlZn 3 zeigt eine ähnlich ausgeprägte Textur wie Reinmagnesium und damit einen ähnlichen Verlauf des r-Wertes (Bild 76). Die große Streuung der Anisotropiewerte für ψ = 90° ist durch die Meßunsicherheit bei den kleinen Stauchproben mit d_o = 16 mm bedingt. Mit zunehmendem Umformgrad erhöht sich der Probendurchmesser, was mit einer höheren Meßgenauigkeit korreliert.

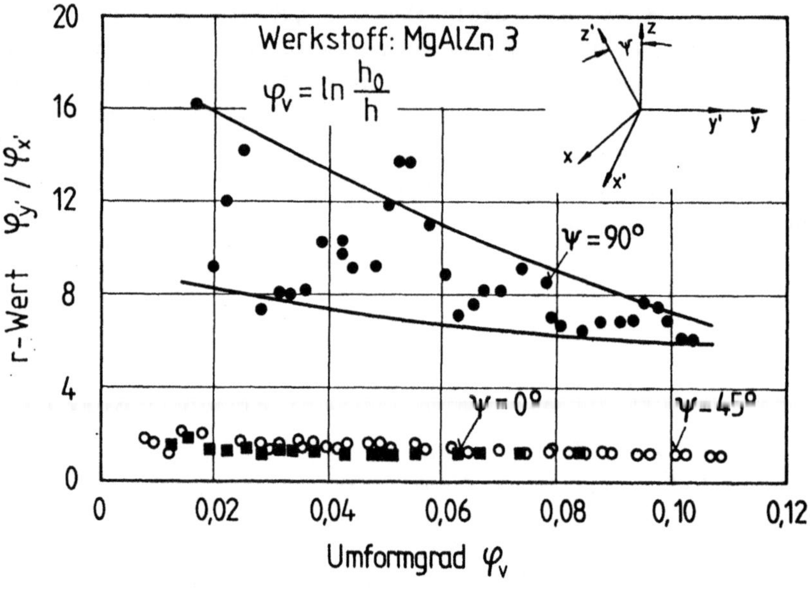

Bild 76: Abhängigkeit des r-Wertes von der Probenlage und vom Umformgrad bei MgAlZn 3.

Feinzink Zn 99,98 weist ein ähnliches anisotropes Verhalten wie die beiden Magnesium- Werkstoffe auf. Bei φ_v = 0,1 wird ein r-Wert von 5 gemessen. Dieser Wert stimmt mit dem r-Wert von Reinmagnesium beim selben Umformgrad überein. Ebenso liegt er im unteren Bereich des Streubandes der Magnesiumlegierung (Bild 77). Da Zink große Umformgrade, vermutlich durch dynamische Rekristallisation ermöglicht, war es möglich, den kontinuierlichen Abfall des r-Wertes bis φ_v = 0,9 zu verfolgen. Bei φ_v = 0,8 beträgt r = 3, was recht gut mit der nahezu konzentrischen Stauchtextur übereinstimmt.

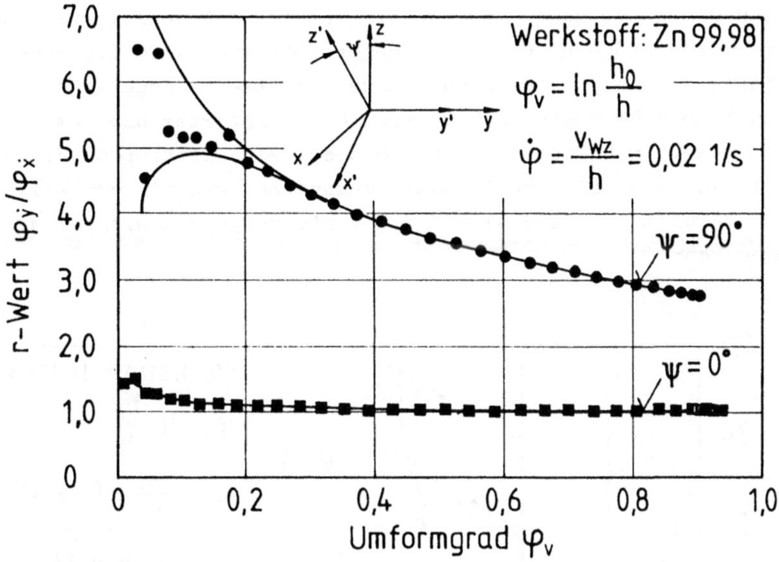

Bild 77: Abhängigkeit des r-Wertes von der Probenlage und vom Umformgrad bei Feinzink.

Während sich Textur und Anisotropie bei Magnesium und Zink recht anschaulich verhalten, ergibt die quer entnommene Titanprobe beim Stauchen einen r-Wert kleiner 1, der sich ebenso wie die beiden übrigen Werkstoffe gegen 1 annähert (Bild 78). Das widersprüchliche Verhalten deckt sich mit den Ergebnissen von Schröder [83]. Titan hat ein kleineres c/a Verhältnis als Magnesium und Zink. Deshalb tritt neben der Basisgleitung bevorzugt auch bei Raumtemperatur eine Abgleitung an der Prismenfläche auf $(1\ 0\ \bar{1}\ 0)$. Weiterhin werden bevorzugt die Pyramidenflächen $(1\ 1\ \bar{2}\ 1)$ $(1\ 1\ \bar{2}\ 3)$ $(1\ 1\ \bar{2}\ 4)$ zu Zwillingsebenen [86]. Die höhere Orientierungshäufigkeit der Basisebenen in x'- Richtung begünstigt diese Verformungsmechanismen und führt damit möglicherweise zu einem r-Wert, der kleiner als 1 ist. Die ausgeprägte Zwillingsbildung bei Titan war bei den Gefügebetrachtungen deutlich geworden.

Textur und Anisotropie stehen damit auch in engem Zusammenhang. Werkstoffe wie Magnesium und Zink mit bevorzugter Basisgleitung zeigen beim Stauchen quer entnommener Proben maximale Verformungen quer zur Strangrichtung. In dieser Richtung sind die Basisebenen wenig geordnet, so daß die energetisch günstigsten aktiviert werden können. Mit zunehmender Umformung wird die regellose Verteilung in y'- Richtung immer stärker ausgerichtet. Die orthorhombische Textur nähert sich einer Fasertextur. Der gemessene r-Wert geht gegen 1 und somit auf ein isotropes Verhalten zu. Titan zeigt ein abweichendes Verhalten, was mit dem kleineren c/a - Verhältnis (Bild 9) und den Verformungsmechanismen erklärt werden kann.

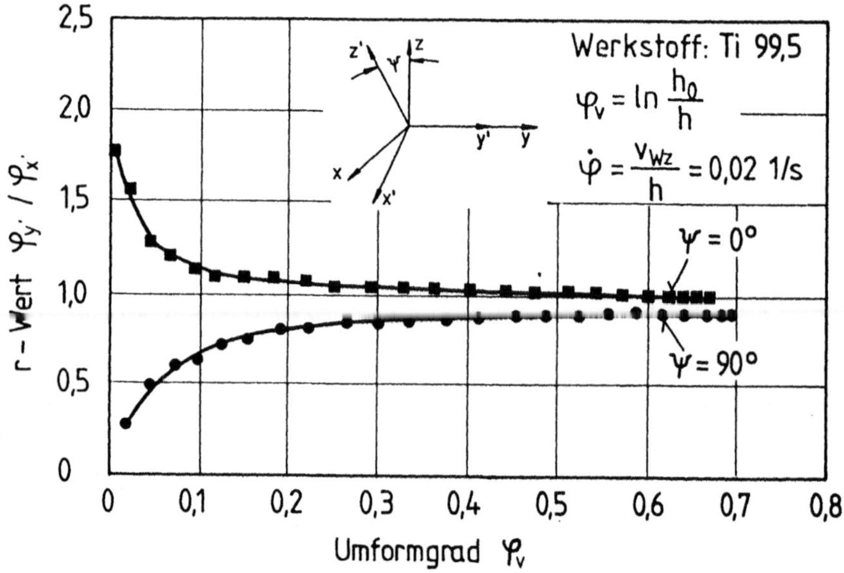

Bild 78: Abhängigkeit des r-Wertes von der Probenlage und vom Umformgrad bei Reintitan.

8.4 Anisotrope Verfestigung

8.4.1 Richtungsabhängigkeit der Fließkurve

Zur Bestimmung der Anisotropie der Fließspannung im Stauchversuch wurden aus den Stäben Stauchproben mit den Winkeln ψ = 0°, 45° und 90° zur Stabachse herausgearbeitet und kontinuierlich mit konstanter Umformgeschwindigkeit $\dot{\varphi}$ = 0,02 s^{-1} gestaucht. Durch die geringe Reibung beim Stauchen der Rastegaev-Proben äußern sich die Richtungsabhängigkeiten der Werkstoffeigenschaften unbehindert in einer anisotropen Verformung. Deshalb wurde der Umformgrad größtenteils aus der Höhenabnahme bestimmt. Damit liegt ein integraler Wert, welcher auf die gesamte momentane Querschnittsfläche bezogen ist, vor. Für gestauchte isotrope Proben mit zylindrischer Kontur zeigt diese Meßmethode gute Übereinstimmung mit der Durchmessermessung. Aufgrund der ausgeprägten Textur im Ausgangszustand zeigen alle untersuchten Werkstoffe eine Richtungsabhängigkeit der Fließspannung.

Beim Stauchen von Magnesium Mg 99,98 (Bild 79) und MgAlZn 3 (Bild 80) wird ein nahezu linearer Anstieg der Fließspannung in Abhängigkeit vom Umformgrad gemessen. Wegen der Vorzugsorientierung der Basisebenen in Strangrichtung sind die Gleitebenen bei der Probe mit ψ = 45° am günstigsten orientiert. Hier wurde auch die niedrigste Fließspannung gemessen.

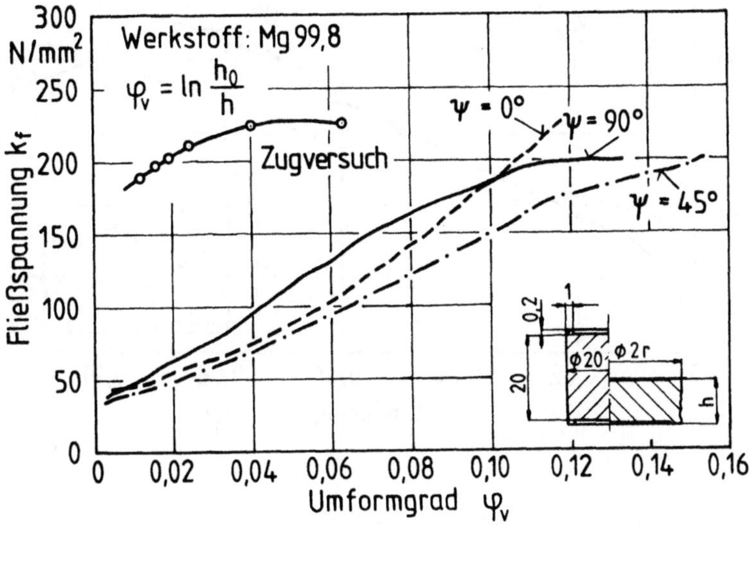

Bild 79: Richtungsabhängigkeit der Fließkurven von Reinmagnesium.

Bei Stauchversuchen erfolgt nach [83] bei Längsproben (ψ = 0°) die Verformung hauptsächlich durch (1 0 $\bar{1}$ 2)- Zwillingsbildung.

Mit zunehmendem Winkel ψ wächst die Orientierungsmannigfaltigkeit; damit steigt auch die Möglichkeit zur Basisgleitung. Für kleine Umformgrade resultiert daraus eine Abnahme von k_{fo} mit zunehmendem φ. Dieser Zusammenhang ist vor allem bei der Legierung MgAlZn 3 sehr deutlich zu erkennen.

Zum Teil wurde eine zeitlich versetzte Plastifizierung an den Meßschrieben der radialen Wegaufnehmer beobachtet. Die Legierung MgAlZn 3 wird in y'-Richtung bereits bei einer mittleren Normalspannuung von 68 N/mm² plastisch, während in x'- Richtung erst bei 165 N/mm² eine bleibende Dehnung gemessen wird. Für höhere Umformgrade ergibt die Probe mit ψ = 45° die niedrigste Fließspannung, während die Fließkurven für ψ = 0° und 90° darüber liegen. Die Ergebnisse stimmen mit den Meßwerten in [83] überein.

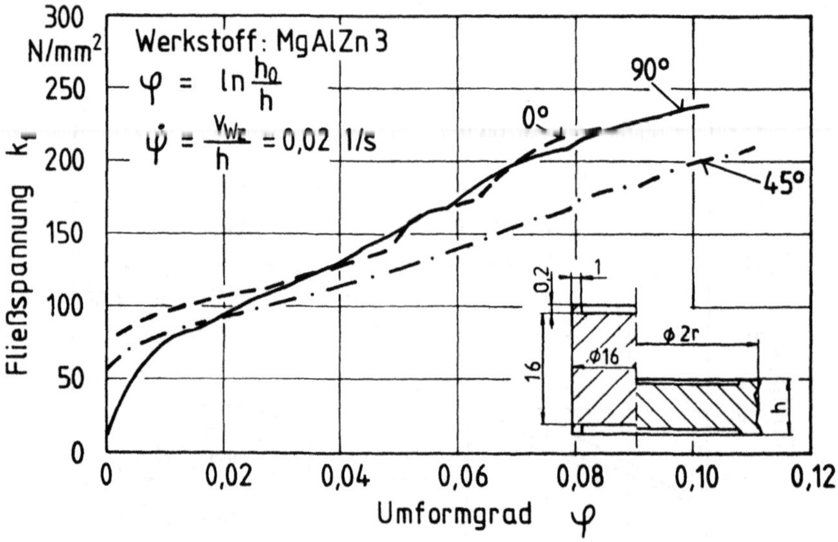

Bild 80: Richtungsabhängigkeit der Fließkurve von MgAlZn 3.

Beim Stauchen von Zink Zn 99,98 werden die Verformungsmechnismen der Basisgleitung sowie der $(1\ 0\ \bar{1}\ 2)$ Zwillingsbildung wirksam. Durch die Basisgleitung dreht sich die Basisnormale [0 0 0 1] zur Strangachse hin, bis der Zwillingsbereich erreicht ist und Zwillingsbildung mit einer Umorientierung von [1 1 $\bar{2}$ 0] - [1 0 $\bar{1}$ 0] in den Bereich der Kraftrichtung erfolgt [83]. Die Basisgleitung ist der energetisch günstigere Verformungsmechanismus. Er bewirkt jedoch nach [123] eine im Vergleich zur Zwillingsbildung höhere Verfestigung.

Da mit ansteigendem ψ eine höhere Orientierungsmannigfaltigkeit vorhanden ist, ergibt dies für ψ = 90° die niedrigste Anfangsfließspannung (Bild 81). Bei längs gestauchten Proben überwiegt dagegen die Zwillingsbildung, was sich in einer geringen Fließspannung bei höheren Umformgraden äußert. Die Entfestigung des Werkstoffes bei großen Formänderungen wird in [122,83] auf dynamische Rekristallisation zurückgeführt.

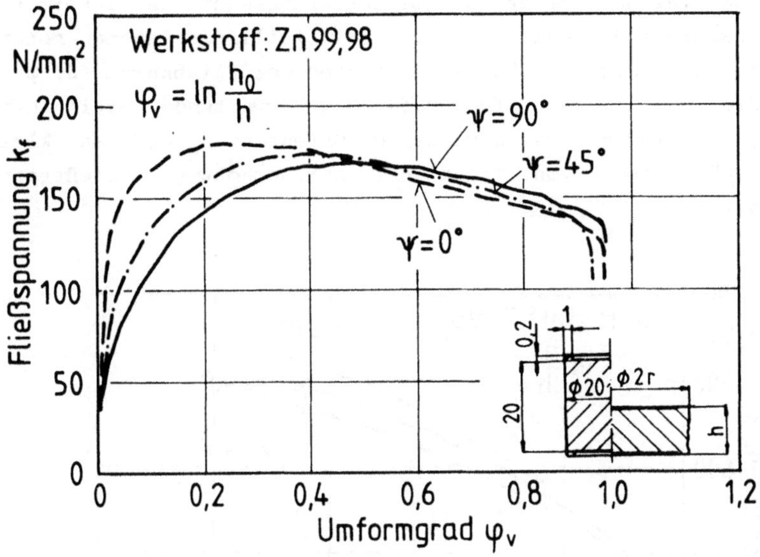

Bild 81: Richtungsabhängigkeit der Fließkurven von Feinzink.

Die Stauchfließkurven von Reintitan (Bild 82) zeigen die hohe Festigkeit dieses Werkstoffes. Bis zu einem Umformgrad $\varphi_v \approx 0,15$ ist ein Anstieg der Fließspannung mit zunehmendem φ zu beobachten. Während die Fließkurven für ψ = 45° und 90° im gesamten Bereich einen parabolischen Verlauf haben, verfestigt die Fließkurve für ψ = 0° wesentlich stärker. Sie schneidet die anderen beiden Kurven und hat ab φ_V = 0,2 den absolut höchsten Wert.

Titan zeigte ebenso wie Zink und Magnesium im stranggepreßten Ausgangszustand eine Vorzugsorientierung der Basisnormalen senkrecht zur Strangachse. Beim Stauchen drehen sich diese Basisnormalen vorzugsweise in eine Lage 20° bis 30° zur Strangachse. Bei Reintitan ist die Prismenfläche für kleine Höhenabnahmen $(1\,0\,\bar{1}\,0)$ die wichtigste Gleitebene [124], während die Basisebene bei kleinen Umformgraden nur eine untergeordnete Rolle spielt [86].

Der stetige Verlauf der Fließkurven für 45° und 90° deutet darauf hin, daß bei der vorhandenen Orientierungsmannigfaltigkeit stets eine ausreichende Zahl von Gleit- bzw. Zwillingssystemen betätigt werden kann. Die Ursache des Anstieges der Fließkurve für ψ = 0° ist die bei höheren Umformgraden zu erwartende Basisgleitung [124], die wegen ihrer ungünstigen Orientierung und des kleinen c/a-Verhältnisses von Titan nur bei erhöhter Fließspannung erfolgt.

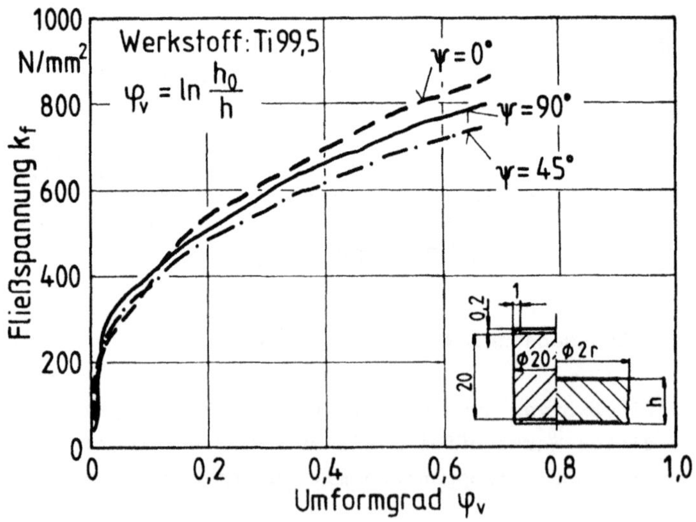

Bild 82: Richtungsabhängigkeit der Fließkurven von Reintitan.

8.4.2 Fließortkurven

Die Fließortkurve dient zur vollständigen Beschreibung der plastischen Anisotropie. Sie beschreibt den geometrischen Ort des Fließbeginns in der σ_1-σ_2-Ebene. Diese Kurve ist geschlossen, konvex und im allgemeinen Fall nicht durch eine analytische Funktion zu beschreiben. Im einfachsten Fall ist sie eine Ellipse, deren Hauptachsen unter 45° zur σ_1- und σ_2-Achse liegen [1].

Zur Bestimmung der Fließortkurve wurden im Abschnitt 2.2.3 unterschiedliche Vorgehensweisen aufgezeigt und daraus die Knoop-Härtemessung als Möglichkeit zur qualitativen Abschätzung des Fließortes in Abhängigkeit vom Spannungszustand ausgewählt.

Aus den Texturmessungen sowie den Messungen gestauchter Proben ist bekannt, daß die Richtungen x und y, die quer zur Strangachse z liegen, bei Werkstoffen mit Fasertextur gleichwertig sind. Daraus resultiert eine senkrechte Anisotropie mit isotropen Bedingungen in der x-y-Ebene.

Nach [125,126] haben die Fließortkurven bei derartigen Werkstoffen eine Ellipsenform (Bild 83), die nach [39] mit Gleichung (20) in Abhängigkeit vom r-Wert beschrieben werden kann. Bei ausschließlich senkrechter Anisotropie, wie sie im Querschnitt stranggepreßter Stäbe auftritt, fällt die längere Hauptachse (a) der Ellipse auf die erste Winkelhalbierende ($\sigma_x = \sigma_y$). Die zweite (b) liegt orthogonal zu ihr ($\sigma_x = -\sigma_y$). Durch Einsetzen der Ellipsenpunkte kann der r-Wert in Abhängigkeit vom Achsenverhältnis a/b angegeben werden:

$$r = \frac{(a/b)^2 - 1}{2}. \qquad (56)$$

Damit ist es möglich, die aus der Knoop-Härteprüfung erhaltenen Anisotropiedaten direkt mit dem aus der anisotropen Verformung berechneten r-Wert zu vergleichen. Je größer der Wert der senkrechten Anisotropie ist umso länglicher wird die Ellipse. Für $r \longrightarrow 0$ nähert sie sich einem Kreis.

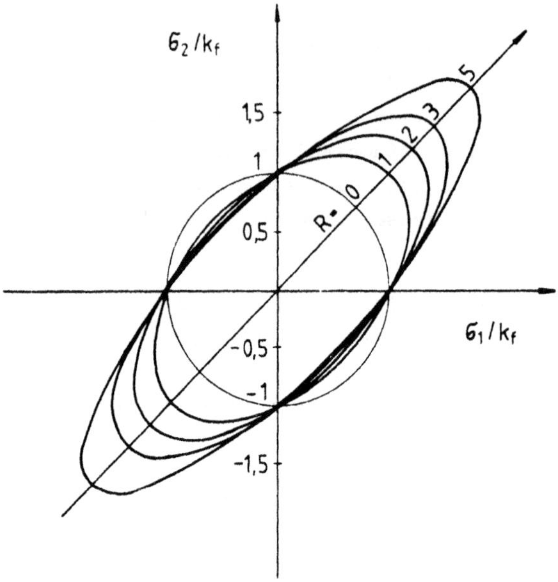

Bild 83: Fließortkurven für Werkstoffe mit senkrechter Anisotropie.

Für die Knoop-Härteprüfung wurde entsprechend Bild 11 von jedem Werkstoff im Ausgangszustand ein Würfel herausgetrennt, geschliffen, poliert und geätzt, so daß das unverformte Gefüge an der Oberfläche sichtbar wurde. Für jeden Würfel wurden nun je fünf Härteeindrücke in den Lagen a bis f (Bild 11) mit einem Knoop-Diamanten aufgebracht und daraus eine mittlere Knoop-Härte für jede Lage berechnet. Die Prüflast war mit 0,2 kg am Übergang der Mikrohärteprüfung zur Kleinlasthärteprüfung gewählt.

Für die Berechnung der Knoophärte gelten dieselben Ansätze wie für die Vickers-Prüfung

$$HK = \frac{14{,}2288 \cdot m_p}{d^2} \quad 9{,}81 \frac{N}{kg} \qquad (57)$$

HK: Knoop-Härte

m_p: Prüflast

d: Länge der Diagonalen.

Die Knoophärte unterscheidet sich nur darin von der Vickershärte, daß nicht beide Diagonalen ausgemessen werden, sondern nur die längere.

Die Messungen wurden in Anlehnung an [1,91,127] durchgeführt und ausgewertet. Die Bestimmung der Fließortkurve basiert auf der Annahme, daß die gemessenen Härtewerte die Fließspannung wiedergeben.

Die Bilder 84 und 85 zeigen am Beispiel von Reinmagnesium und Reintitan den aus der Knoop-Härte abgeleiteten Verlauf der Fließortkurve. Wegen der Rotationssymmetrie der Werkstoffeigenschaften in der Querschnittsfläche des Stabes sind die Härteeindrücke b, c, d mit a, f, e gleichwertig. Daraus resultiert eine Symmetrie zur ersten Winkelhalbierenden.

Magnesium ergab ebenso wie Zink und MgAlZn 3 bei der Messung der anisotropen Verformung einen r-Wert deutlich über eins. Dieses Ergebnis wird durch die Knoop-Härteprüfung mit einer flachen Ellipsenform der Fließortkurve bestätigt.

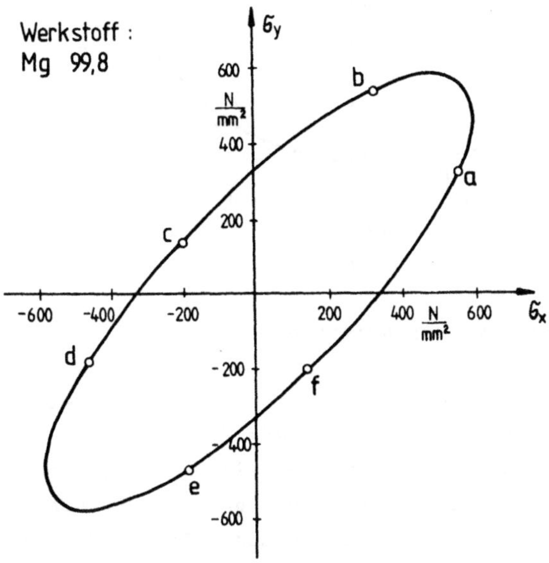

Bild 84: Fließortkurve von Reinmagnesium.

Titan zeigte beim Stauchen ein von diesen Werkstoffen abweichendes Formänderungsverhalten. Der gemessene r-Wert lag bei kleinen Umformgraden in der Größenordnung von 0,2 und konvergierte dann schnell auf isotropes Verhalten (r=1) zu. Sehr kleine r-Werte ergeben eine nahezu runde Form der Fließortkurve. Die Härtemessungen bestätigen dies (Bild 85).

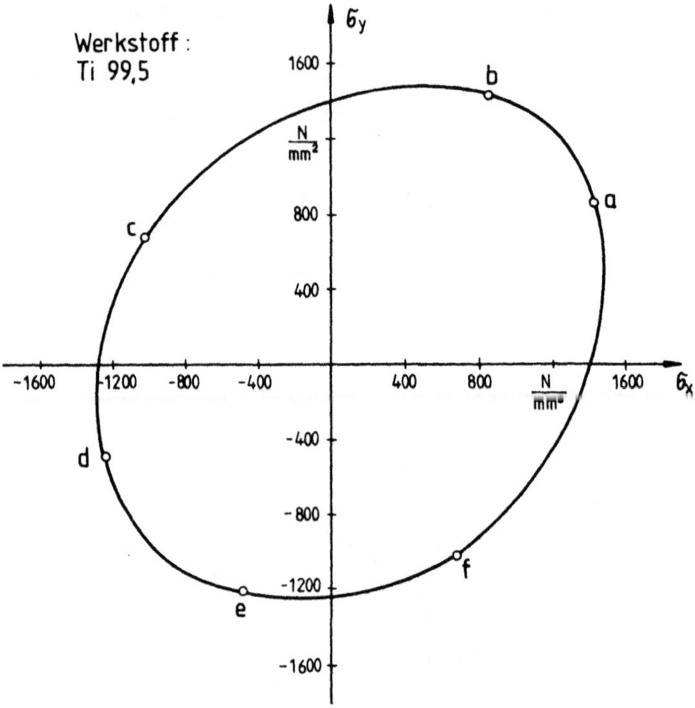

Bild 85: Fließortkurve von Reintitan.

Die Härtemessungen ergeben somit dieselben Unterschiede der untersuchten Werkstoffe zueinander wie die Anisotropiemessungen. Mit der Umrechnung des Achsenverhältnisses a/b in den Wert der senkrechten Anisotropie r nach Gleichung (57) können die Anisotropiedaten unmittelbar mit den in Abschnitt 8.3.2 ermittelten Werten verglichen werden. Tabelle 6 zeigt eine Gegenüberstellung der nach beiden Methoden bestimmten r-Werte.

Werkstoff	Achsenverhältnis a/b	r-Wert aus Härtemessung	r-Wert aus Stauchversuch $\varphi_v = 0,1$
Mg 99,8	3,25	4,8	4,7
Zn 99,98	2,56	2,8	5,1
Ti 99,5	1,27	0,3	0,7

Tabelle 6: Vergleich der Anisotropiedaten aus der Knoop-Härteprüfung mit den Werten von Stauchversuchen.

Die Härteprüfung stellt einen lokalen Umformvorgang dar, bei dem der Umformgrad durch die Wahl der Prüflast und die Fließspannung des Werkstoffes bestimmt wird. Da der r-Wert vom Umformgrad der Probe abhängig ist, der Umformgrad von der Eindringtiefe des Diamanten bestimmt wird und diese wiederum von der Fließspannung des Werkstoffes abhängt, können die Werte aus der Härteprüfung nicht direkt den im Stauchversuch ermittelten Werten bei einem bestimmten Umformgrad zugeordnet werden. Bei Magnesium scheint der lokale Umformgrad φ_v dem Stauchgrad der Probe φ_v recht nahe zu kommen. Zink hat eine niedrigere Fließspannung, der lokale Umformgrad am Härteeindruck wird dadurch erhöht, die gemessene Anisotropie wird geringer als im Stauchversuch. Bei Titan wird infolge der höheren Fließspannung eine ausgeprägtere Anisotropie gemessen.

Die Knoop-Härteprüfung bestätigt damit zwar die Berechtigung der bei der Bestimmung des r-Wertes aus der anisotropen Verformung getroffenen Annahmen; für eine genaue Fließortkurvenaufnahme ist sie aber nur bedingt geeignet. Dennoch ermöglicht dieses Verfahren eine grobe Abschätzung der Anisotropie eines untersuchten Werkstoffes und zeigt rein qualitativ eine gute Übereinstimmung mit den Rundheitsmessungen im Stauchversuch.

9 Bedeutung der Ergebnisse für Wissenschaft und Praxis

Der Zylinderstauchversuch nach Rastegaev stellt ein Verfahren dar, mit dem zuverlässig und mit hoher Wiederholgenauigkeit die Fließkurven unterschiedlicher Werkstoffe bis zu hohen Umformgraden bestimmt werden können. Die Forderung nach einer möglichst homogenen Umformung wurde bis zu Umformgraden $\varphi_V = 1{,}4$ und in Einzelfällen bis $\varphi_V = 1{,}6$ ohne Unterbrechung des Stauchvorganges erfüllt. Damit konnte sowohl der experimentelle Aufwand reduziert als auch die Zuverlässigkeit der Ergebnisse verbessert werden.

Der Meßaufbau mit kontinuierlicher Durchmessermessung erwies sich zwar bei der großen Zahl gestauchter Proben als etwas unpraktisch, dieses Problem ist jedoch im Praxisfall durch längere Säulenführungen des Stauchgestelles leicht zu umgehen. Der Zugewinn an Information, die mit den radialen Wegaufnehmern aus dem Stauchversuch gewonnen wird, ist so beträchtlich, daß die Erschwernisse der Probenhandhabung unerheblich werden.

Die wesentlichen Vorteile der Durchmessermessung sind die Unabhängigkeit des Meßergebnisses von jeglicher elastischer Verformung des Werkzeugs und zum anderen die Möglichkeit, an der optimalen Stelle des Werkstücke, wo die homogene Umformung besteht, die Formänderungen bestimmen zu können. Wie die Versuche gezeigt haben, sind die Formänderungen in halber Probenhöhe in weiten Grenzen unbeeinflußt von der Probenform, so daß die Fließkurve mit hoher Genauigkeit erfaßt wird, ohne daß irgendwelche Korrekturen der Meßergebnisse in die Fließkurve eingehen müssen.

Der zweite und wohl noch bedeutendere Fortschritt dieser neuen Art der Fließkurvenaufnahme besteht darin, daß mit mehreren am Umfang angebrachten Sensoren gleichzeitig mit der Fließspannung das anisotrope Verhalten des Werkstoffes erfaßt wird. Damit kann die Werkstoffbeschreibung durch zusätzliche Anisotropiedaten entscheidend verbessert werden. Diese zusätzliche Information ist vor allen Dingen für die Simulation von Umformvorgängen von großer Bedeutung.

Die hohe Genauigkeit von Finite-Elemente-Programmen ist häufig durch eine unzureichende Werkstoffbeschreibung beeinträchtigt. Deshalb wird zunächst eine Fließkurvenbeschreibung bis zu hohen

Umformgraden gefordert und zum anderen soll der von Hill bereits plastizitätstheoretisch berücksichtigte Einfluß der Anisotropie auf Umformvorgänge durch experimentelle Daten belegt werden. Das vorhandene Meßprinzip hat sich hierfür als gut geeignet erwiesen.

Die Bestimmung der plastischen Anisotropie ist vorrangig als Grundlagenuntersuchung für eine verbesserte Modellbildung zur Beschreibung des plastischen Verhaltens metallischer Werkstoffe zu werten. Sie kann jedoch möglicherweise auch auf längere Sicht durch gezielte Umformfolgen oder durch Verwendung von Rohteilen mit ausgeprägter Textur ein neues Teilespektrum asymmetrischer Formen für die Massivumformung eröffnen, die momentan wegen der extremen Werkzeugbelastungen nicht oder nur sehr kritisch zu fertigen sind.

Zum jetzigen Zeitpunkt ist dagegen die einfache Methode zur Fließkurvenaufnahme bis zu hohen Umformgraden von größtem Nutzen für die industrielle Praxis, weil damit die tatsächliche Fließspannung bis zu den in der Massivumformung üblichen, hohen Umformgraden ohne Extrapolation und kontiniuerlich gemessen werden kann. Die mit Schmierstoff gefüllte Schmiertasche gewährleistet eine nahezu reibungsfreie homogene Umformung. Im Vergleich zu konventionellen Zylinderstauchproben ist die Wärmeabfuhr beim Stauchen von Rastegaev-Proben weitaus geringer. Der Umformvorgang verlagert sich thermomechanisch vom isothermen zum adiabaten Vorgang. Er gibt damit die thermischen Bedingungen im Produktionswerkzeug besser wieder, wo die Wärmeabfuhr an das Werkzeug durch die kurzen Berührzeiten, die Erwärmung der Werkzeuge sowie durch den Schmierstoff beträchtlich reduziert wird.

Schrifttum

[1] Lange, K.: Umformtechnik-Handbuch für Industrie und Wissenschaft. Band 1, Grundlagen. 2. Auflage Berlin, Heidelberg, New York, Tokyo. Springer 1984.

[2] DIN 50 125: Prüfung metallischer Werkstoffe. Zugproben, Entwurf, Juni 1982

[3] DIN 50 145: Prüfung metallischer Werkstoffe. Zugversuch, Mai 1975.

[4] DIN 50 114: Zugversuch ohne Feindehnungsmessung an Blechen, Bändern oder Streifen mit einer Dicke unter 3 mm, Dezember 1980.

[5] DIN 51 221: Zugprüfmaschinen, August 1960.

[6] Pöhlandt, K.: Werkstoffprüfung für die Umformtechnik. In: Werkstofforschung und Technik Hrsg.: Ilschner,B. Berlin, Heidelberg, New York, London, Paris, Tokyo. Springer 1986.

[7] Siebel, E.; Schwaigerer, S.: Zur Mechanik des Zugversuches, Arch. Eisenhüttenwes. 19 (1948), S. 145-152.

[8] Lange, G.: Vereinfachte Ermittlung der Fließkurven metallischer Werkstoffe im Zugversuch während der Einschnürung der Probe. Arch. Eisenhüttenwes. 45 (1974), S. 809-812.

[9] Siebel, E.; Pomp,A.: Mitt. K.-Wilh.-Inst. für Eisenforsch. 11 (1929), S. 139/153. bzw. Stahl u. Eisen 49 (1929), S. 951-953 und 52 (1932), S. 119/22.

[10] Sachs, G.. Mitt. Mat. Prüf. Anst. 1931, Sonderh. 16, S. 5-10.

[11] Mellor, P.B.: J. Mech. Phys. Solids 5 (1956/57), S. 41-56.

[12] Panknin, W.; Möhrlin, W.: Die Ermittlung der Fließkurven von Schraubenwerkstoffen. Köln/Opladen 1958. (Forsch.ber. des Wirtsch.- und Verkehrsministeriums Nordrhein-Westfalen Nr. 628).

[13] Krause, U.: Vergleich verschiedener Verfahren zur Bestimmung der Formänderungsfestigkeit bei der Kaltumformung. Dr.-Ing. Diss. Hannover 1962.

[14] Nadai, A.: Theory of flow and fracture of solids. New York, Toronto, London. 1950.

[15] Hollomon, J.H.: Tensile Deformation. Trans. Met. Soc. AIME 162 (1945), S. 268-290.

[16] Ludwik, P.: Elemente der technologischen Mechanik. Berlin Springer 1909.

[17] Reihle, M.: Ein einfaches Verfahren zur Aufnahme der Fließkurven von Stahl bei Raumtemperatur. Arch. Eisenhüttenwes. 32 (1961), S.331-336.

[18] Pries, C.-D.: Beitrag zur Steigerung der Berechnungsgenauigkeit beim Tiefziehen zylindrischer und rechteckiger Werkstücke mit elementaren Ansätzen Dr.-Ing. Diss. Hamburg 1987.

[19] Neubauer, A.; Meyer.P.; Osterburger,U.: Untersuchungen zur Approximation von Kaltfließkurven metallischer Werkstoffe. Fertigungstech. u. Betrieb 25 (1975) 8, S.488-493.

[20] Küppers, W.; Schmidt, W.: Beurteilung der Kaltverfestigung und ihrer Auswirkung auf das Umformverhalten austenitischer nichtrostender Feinbleche. Bänder Bleche Rohre 18 (1977), S. 309-311.

[21] Pöhlandt, K.: Beitrag zur Optimierung der Probengestalt und zur Auswertung des Torsionsversuchs. Dr.-Ing. Diss. TU Braunschweig 1977.

[22] Juverov, J.M.; Gejko. I.K.: Das Formänderungsvermögen von nichtrostenden, warmfesten Stählen. Stal in Deutsch 7, S. 493-498.

[23] Gräber, A.: Weiterentwicklung des Torsionsversuches in Theorie und Praxis. Berichte aus dem Institut für Umformtechnik Nr. 107, Universität Stuttgart. Berlin Heidelberg New York etc.: Springer 1990.

[24] Metzler, H.J.: Über den Einfluß der Werkzeuggeschwindigkeit auf den Stauchvorgang. Berichte aus dem Institut für Umformtechnik Nr. 21, Universität Stuttgart. Essen: Giradet 1970.

[25] Friedrich, K.H.: Fließkurvenermittlung während des Stauchversuchs mit Hilfe eines Analogrechners. Ind. Anz. 93 (1971), S. 829-832.

[26] Diether, U.: Aufnahme von Warmfließkurven im Stauchversuch. HGF - Bericht 79/87.

[27] Kienzle, O.; Bühler, H.: Das Plastometer, eine Werkstoffprüfmaschine für die Staucheigenschaften von Metallen. Z. Metallkunde 55 (1964), S. 668-673.

[28] Lange,K.; Haller, Th.: Abschlußbericht DFG-Vorhaben. Untersuchung von Regelungskonzepten hydraulisch angetriebener Pressen zur Massivumformung. Inst. f. Umformtechnik, Univ. Stuttgart 1988.

[29] Vater, M.; Nebe, G.: Über die Spannungs- und Formänderungsverteilung beim Stauchen. Forsch.ber. VDI-Z Reihe 2 Nr. 5, Düsseldorf.

[30] Reicherter, K.: Untersuchungen über das Verhalten zylindrischer Proben im Druckversuch. Dr.-Ing. Diss. TH Stuttgart 1951.

[31] Billigmann, J.: Untersuchungen über den Formänderungsverlauf beim Kaltstauchen. Draht 1 (1950) 3, S. 49-58.

[32] Sommer, B.: Inhomogenität der Formänderung beim Stauchen. Neue Hütte 25 (1980), S. 451-453.

[33] Gelin, J.C. et al.: Determination of the flow stress-strain curves for metals from axisymmetric upsetting. J. Mech. Work. Tech. 5 (1981), S. 297-308.

[34] Starman, F.: On friction forming - an experimental-numerical method to quantify contact behaviour. Dr.-Ing. Diss. Univ. Eindhoven 1989.

[35] Nayarasamy, R.; Murthy, R.S.; Viswanatham, K.; Chary, G.R.: Prediction of the barreling of solid cylinders under uniaxial compressive load. J. Mech. Work. Techn. 16 (1988) 1, S. 21-30.

[36] Devaux, J. et al.: Theoretical analysis and experimental applications of barelling and folding in cylinder upsetting tests. Int. J. Mech. Sci. 26 (1984), S. 555-572.

[37] Dadras,P.: A semi-empirial solution to upset forging. Transactions to the ASME 103 (1981), S. 478-483.

[38] Wada,T.; Dean,T.A.: A new energy method analysis of plastic distortion in plane strain compression. Int. J. Mach. Tool Des. Res. 25 (1985) 3, S. 199-207.

[39] Pöhlandt, K.; Nester, W.: Bestimmung von Fließkurven im Stauchversuch. Ein Überblick. Draht 32 (1981), S. 70-75.

[40] Pöhlandt, K.: Vergleichende Betrachtungen der Verfahren zur Prüfung der plastischen Eigenschaften metallischer Werkstoffe. Berichte aus dem Institut für Umformtechnik. Berlin, Heidelberg, New York, Tokyo: Springer 1984.

[41] Polakowski, N.H.: The compression test in relation to cold rolling. J. Iron Steel Inst. Nov. 1949, S. 250-276.

[42] Wiegels, H.; Herbertz, R.: Zylinderstauchversuch mit großer Reibung zur Bestimmung der Fließspannung. Stahl u. Eisen 99 (1979), S. 1380-1390.

[43] Herbertz, R.; Wiegels,H.: Ein Verfahren zur Verwirklichung des reibungsfreien Zylinderstauchversuches für die Ermittlung von Fließkurven. Stahl u. Eisen 101 (1981), S. 89-92.

[44] Wiegels, H.; Herbertz,R.: Der Zylinderstauchversuch - ein geeignetes Verfahren zur Fließkurvenermittlung? Stahl u. Eisen 101 (1981), S. 1487-1492.

[45] Wiegels, H.; Herbertz, R.: Die Fließkurvenermittlung bei höheren Umformgeschwindigkeiten im Zylinderstauchversuch mit geringer und mit großer Reibung. Stahl u. Eisen 101 (1981), S. 1127-1132.

[46] DIN 50 106: Prüfung metallischer Werkstoffe. Druckversuch. Ausg. Dezember 1978.

[47] VDI-Richtlinie 3200: Fließkurven metallischer Werkstoffe. Ausg. Oktober 1978.

[48] Stahl Eisen Prüfblatt 1123: Zylinderstauchversuch zur Ermittlung von Kaltfließkurven. 2.Ausg., August 1986.

[49] Pawelski,O.: Vergleichende Wertung der Prüfverfahren für die Warmumformbarkeit von Metallen, In: Warmumformung und Warmfestigkeit. Symp. Bad Nauheim 1975, Dt. Ges. f. Metallkunde (DGM), Oberursel 1976.

[50] Straßburger,C.; Müschenborn,W.; Robiller,G.: Prüfverfahren zur Ermittlung der Kaltumformbarkeit. In: Neuzeitliche Verfahren der Werkstoffprüfung. Düsseldorf: Stahleisen 1973.

[51] Straßburger,C.; Robiller,G.: Aufnahme der Fließkurve unlegierter Stähle im Kaltstauchversuch. Stahl u. Eisen 93 (1973), S. 1164-1169.

[52] Woodward,L.: A note on determination of accurate flow properties from simple compression tests. Metallurgical Transactions A 8A (1977), S. 1833-1834.

[53] Doege, E.; Meyer-Nolkemper, H.; Saeed, I: Fließkurvenatlas metallischer Werkstoffe. München, Wien: Hanser, 1986.

[54] Jung, H. et al.: Kaltformgebungseigenschaften. Bd. 1-4. Dt. Ges. f. Metallkunde (DGM), Oberursel 1987.

[55] ASTM E9-81: Compression testing of metallic materials at room temperature. Annal Book of ASTM-Standars, Vol. 03.01, 1986.

[56] Lange, K.; Nester, W.: Abschlußbericht zum Forschungsvorhaben La 155/89 "Verwendung neuartiger Versuchsproben zur Bestimmung von Fließkurven im Stauchversuch". Inst. f. Umformtechnik, Univ. Stuttgart 1981.

[57] Cook, M.; Larke, E.C.: J. Inst. Metals 71 (1945), S. 371-390.

[58] Sachs, G.: Z. Metallkunde 16 (1924), S. 55-58.

[59] Schey, J.A.; Venner, T.P.; Takomana, S.L.: The effect of friction on pressure in upsetting at low diameter to height ratios. Dept. Mech. Eng., Univ. of Waterloo, 1981.

[60] Rafalski, Z.; Misiolek, Z.: Formänderungsfestigkeit wechselt beim Verformen. Beurteilung der Plastizität kaltverformter Metalle. Bänder Bleche Rohre 21 (1980), S. 459-463.

[61] Holzer, A.J.: Specimen geometry and friction in dynamic compression. Annals of the CIRP, Vol. 29/1 (1980), S. 135-139.

[62] Panknin, W.; Bach, M.: Anleitung zur experimentellen Bestimmung der Fließkurven metallischer Werkstoffe, DFBO-Mitt. (1972), S. 15-22.

[63] Rastegaev, M.V.: Neue Methode der homogenen Stauchung von Proben zur Bestimmung der Fließspannung und des Koeffizienten der inneren Reibung (russ.). Zav. Lab. (1940), S. 354.

[64] Pöhlandt, K. et al.: Stand der Prüfverfahren zur Aufnahme von Fließkurven im Bereich hoher Umformgrade. Seminar: Neuere Entwicklungen in der Massivumformung, Forschungsgesellschaft Umformtechnik, Stuttgart, 6.- 7. 6. 1989.

[65] Latocha, J.; Rafalski, Z.: Ermittlung der Verfestigungskurven von M1E-Kupfer und M63-Messing im Druckversuch (pol.). Rudy Metale 21 (1976), S. 345-348.

[66] Krokha, V.A.: Grundlegende Gesetzmäßigkeiten für die Verfestigung von Metallen und Legierungen beim Kaltstauchen (russ.). Kuzn.-stamp. proizv. 10 (1977), S. 29-47.

[67] Turno,A.: Uniaxial Compression test without friction and its different applications. Gastvortrag an der Tech. Univ. of Denmark, Kopenhagen, Sept. 1985.

[68] Rasmussen, S.N.; Nester, W.; Pöhlandt, K.: Weiterentwicklung des Rastegaev-Stauchversuchs zur Aufnahme von Fließkurven. wt-Werkstattstechnik 74 (1984), S. 667-670.

[69] Pöhlandt, K.: Stauchversuch zur Ermittlung von Fließkurven nach Rastegaev. Kurzberichte der Hochschulgruppe Fertigungstechnik. Essen: Girardet (HGF 79/26)

[70] Turno, A.: Die Bestimmung von Verfestigungskurven an Probekörpern mit Ausdrehungen an den Stirnflächen (pol.), Obrobka Plastyczna Poznan 11 (1972), S. 123-127.

[71] Suyarow, J.I.; Benyakowski: Bestimmung der Fließspannung von Metallen (russ.). Zav. Lab. 21 (1955), S. 97-99.

[72] Chang, T.; Shü, U.: The stress strain relationship of metals under homogeneous compression, Scientia Sinica 10 (1961), S. 377-385.

[73] Reiss,W.; Pöhlandt, K,: The Rastegaev upset test - a method to compress large material volumes homogeneously. Experimental Techniques (1986) 1, S. 20-24.

[74] Reiss, W.; Hager, B.: Abschlußbericht zum Forschungsvorhaben La 155/107: Werkstoffverhalten während und nach homogener Formänderung bis zu extremen Umformgraden. Inst. f. Umformtechnik, Univ. Stuttgart, 1985.

[75] Reiss, W.: Auswirkung einer homogenen Umformung auf ausgewählte Werkstoffeigenschaften. Metall - Internat. Z. Tech. u. Wirtsch. 40 (1986), S. 353-359.

[76] Grewen, J.: Entstehung von Verformungstexturen. In: Mechanische Anisotropie, Hrsg. H.P. Stüwe. Wien, New York: Springer 1974.

[77] Wassermann, G.; Grewen, J.: Texturen metallischer Werkstoffe. 2. Aufl., Berlin, Göttingen, Heidelberg: Springer 1962.

[78] Bunge, H.J.: Neuere Entwicklungen auf dem Texturgebiet. Z. Metallkde. 75 (1984), S. 97-112.

[79] Semchyshen, M.; Timmons, G.A.: Trans. AIME 194 (1952), S. 279-284.

[80] Lankford, W.T.; Snyder, S.C.; Bauscher, J.A.: New criteria for predicting the press performance of deep drawing sheets. Trans. Amer. Soc. Metals 42 (1950), S. 1197-1232.

[81] Stahl-Eisen-Prüfblatt 1126: Ermittlung der senkrechten Anisotropie (r-Wert) von Feinblech im Zugversuch. Hrsg. Verein Deutscher Eisenhüttenleute. 1. Ausg. Stahleisen 1984.

[82] Schlosser,D.: Geometrische Eigenschaften tiefgezogener kreiszylindrischer Näpfe. Berichte aus dem Institut für Umformtechnik Nr. 45 Univ. Stuttgart. Essen: Girardet 1977.

[83] Schröder, G.: Über die Anisotropie des plastischen Verhaltens stranggepreßter Stäbe aus hexagonalen Metallen. Berichte aus dem Institut für Umformtechnik Nr. 26 Univ. Stuttgart, Essen: Girardet 1974.

[84] Lange, K:; Schmitt, G.: Untersuchungen beim Rückwärtsfließpressen dünnwandiger Näpfe aus Zink. Untersuchungsbericht 12/67, Institut für Umformtechik, Stuttgart 1967.

[85] Bergmann, W.: Werkstofftechnik, Teil 1: Grundlagen. München, Wien: Hanser 1984.

[86] Zwicker, U.: Titan und Tianlegierungen. Heidelberg, New York: Springer 1974.

[87] Berner, R.; Kronmüller, H.: Plastische Verformungen von Einkristallen In: Moderne Probleme der Metallphysik, Bd. 1. Hrsg. A. Seeger, Berlin etc.: Springer 1965.

[88] Kelley, E.W.; Hosford, W.F.: Plane strain compression of magnesium and magnesium alloy cristalls. Trans. Metallurg. Soc. AIME 242 (1968), S. 5-13.

[89] Nauer-Gerhardt, C.U.; Bunge,H.J.: Polarisationsmikroskopie und Orientierungsbestimmungen an Titan. Z. Metallkde. 76 (1985), S. 733-738.

[90] Schmid, E.; Boas, W.: Kristallplastizität. Berlin: Springer 1935.

[91] Matucha, K.-H.; Wincierz, P.: Experimentelle Bestimmung von Fließortkurven. In: Stüwe, H.P.: Mechanische Anisotropie, Wien New York. Springer 1974.

[92] Hill, R.: Mathematical Theory of Plasticity, Oxford Univ. Press. 1950.

[93] Hosford, W.F.; Backofen, W.A.: Fundamentals of deformation processing, 9th Segamore Conf., AMRA, Syracuse: Univ. Press. 1964.

[94] Athoff, J.; Wincierz, P.: The influence of texture on the yield loci of copper and aluminium. Z. Metallkde. 63 (1973), S. 623-633.

[95] Kelley, E.W.; Hosford, W.F.: The deformation characteristics of textured magnesium. Trans. Metal. SOC. AIME 242 (1968), S. 654-661.

[96] Taylor, G.I.: Plastic strain in metals. J. Inst. Met. 62 (1938) S. 307-324.

[97] Bunge, H.J.: Berechnung des r-Wertes und der Fließkurve aus der Textur, Fortbildungspraktikum "Textur und Anisotropie von Werkstoffen", Clausthal Zellerfeld 1984.

[98] Hosford, W.F.: Texture Hardening. In: Grewen, J.; Wassermann, G.: Texturen in Forschung und Praxis, Berlin, Heidelberg: Springer 1969.

[99] Weeler, R.G.; Ireland D.P.: Multiaxial plastic flow of zyrcaloy - 2 determined from hardness datce. Elektrochem. Technol. 4 (1966) S. 313-317.

[100] Lee, D.; Jabara, F.S.; Backofen, W.A.: The Knoop - Hardness yield loci for two Titanium Alloys. Trans. TMS-AIME 239 (1967) S. 1476-1478.

[101] Wonsiewicz, B.C.; Wilkening, W.W.: A comparison of conventional and Knoop - Hardness yield loci for Magnesium and Magnesium Alloys. Trans. TMS-AIME 245 (1969) S. 1313-1319.

[102] Mathies, S.: On the Reproducibility of the Orientation Distribution Function of Texture Samples from Pole Figures (Ghost Phenomena). Phys. Stat. Sol. (b) 92 (1979). K 135 - K 138.

[103] Taylor, G.I.: Plastic Strains in Metals. J. Inst. Met. Vol. No.1, 62 (1938), S.307-324.

[104] Bunge,H.J.: Textur und Anisotropie. Z. Metallkde. 70 (1979), S. 411-418.

[105] Bunge, H.J.; Schulze, M.; Grzesik, D.: Peine Salzgitter Berichte, Sonderheft (1980).

[106] Kröner,E.: Berechnung der elastischen Konstanten des Vielkristalls aus den Konstanten des Einkristalls. Z. Physik, 151 (1958), S. 504-518.

[107] Bunge, H.J.: Texture Analysis in Materials Science, London: Butterworth 1982.

[108] Brokmeier, H.G.: Neutron Diffraction. In: Neue Werkstoffe mit verbesserten Eigenschaften. COMETT, Metz 13.- 16. 12. 1988.

[109] Prager, W.; Hodge, P.G.: Theorie ideal plastischer Körper. Wien: Springer 1954.

[110] Steck, E.; Schmid, K.: Die Anwendung des Prinzips der kleinsten Umformleistung auf Stauch- und Schmiedevorgänge. Ind.- Anz. 87 (1965), S.1751-1755.

[111] Burgdorf, M.: Untersuchungen über das Zapfenpressen. Berichte aus dem Institut für Umformtechnik Nr. 5. TH Stuttgart. Essen: Girardet 1966.

[112] Wilhelm, M.; Keck, P.: FE-Methoden als Werkzeug zur Stoffflußbetrachtung in der Massivumformung. Seminar: Neuere Entwicklungen in der Massivumformung, Forschungsgesellschaft Umformtechnik, Stuttgart, 6.- 7. 6. 1989.

[113] Wilhelm, H.: Untersuchungen über den Zusammenhang zwischen Vickershärte und Vergleichsformänderung bei Kaltumformvorgängen. Berichte aus dem Institut für Umformtechnik Nr. 9 TH Stuttgart. Essen: Girardet 1969.

[114] Beckert,M.; Klemm, H.: Handbuch der metallographischen Ätzverfahren. VEB-Deutscher Verlag für Grundstoffindustrie: Leibzig 1962.

[115] Gräbener, T.: Entwicklung und Anwendung neuer Schmierstoffprüfverfahren für die Kaltmassivumformung. Berichte aus dem Institut für Umformtechnik Nr. 71, Universität Stuttgart. Berlin, Heidelberg, New York, Tokyo: Springer 1983.

[116] DIN 50150: Umwertungstabelle für Vickershärte, Brinellhärte, Rockwellhärte und Zugfestigkeit. Ausg. 12/1976.

[117] DIN 50133: Härteprüfung nach Vickers. Ausg. 2/1985.

[118] Witzel, W.; Haeßner, F.: Zur Vergleichbarkeit von Werkstoffzuständen nach Dehnen, Stauchen und Tordieren. Z. Metallkde. 78 (1987), S. 316-323.

[119] Weiler, W.: Härteprüfung bei kleinen und sehr kleinen Prüfkräften. Ind.-Anz. 109 (1987) 81, S. 18-22.

[120] Pöhlandt, K.: Beitrag zur Aufnahme von Fließkurven bei hohen Umformgraden. Seminar Neuere Entwicklungen in der Massivumformung, Forschungsinstitut Umformtechnik, Stuttgart, 26.-27. 6. 1979.

[121] Blumenauer, H.: Werkstoffprüfung 1.Auflage, Leibzig: VEB, Verlag für Grundstoffindustrie, 1977

[122] Schumann, H.: Metallographie. 11.Auflage. Leibzig: VEB Deutscher Verlag für Grundstoffindustrie, 1983.

[123] Männel, P.; Hötzsch, G.: Textur und Verfestigungsverhalten hexagonaler Vielkristalle des Systems Kadmium - Magnesium. Metallwiss. u. Techn. 24 (1974) S. 943-952.

[124] Williams, D.N.; Eppelsheimer, D.S.: A theoretical investigation of the deformation textures of titanium. J. Inst. Met. 81 (1952-53) S. 553-562.

[125] Wilhelm, H.: Über das Umformverhalten von Blechen aus Titan und Titanlegierungen. Berichte aus dem Institut für Umformtechnik Nr. 34. Girardet: Essen 1975

[126] Reissner, J.; Mülders, H.; Plänker,E.: Theoretische und experimentelle Bestimmung von Grenzformänderungen an austenitischen Stählen. Bänder, Bleche, Rohre (1980), S. 95-98.

[127] Grzesik, D.: Bestimmung von Fließortkurven an Kupfer- und Aluminium-Kristallen mit Hilfe der Knoop-Härte. Z. Metallkde. 63 (1972), S. 618-622.

Stahlwerkstoffe:

Werkstoffbez.	C	Si	Mn	P	S	Cr	Ni	Cu	Mo	Ti	Al	W	Fe
Ck 15	0,170	0,217	0,402	0,017	0,029	0,176	0,047	0,127	0,026	0,001	0,006	0,007	98,77
16 MnCr 5	0,163	0,248	1,240	0,010	0,022	0,935	0,147	0,155	0,053	0,002	0,026	0,014	96,99
X10 Cr 13	0,145	0,456	0,440	0,015	0,006	1[illegible],96	0,090	0,066	0,001	0,024	0,035		85,77
X5 CrNi 18 9	0,075	0,286	1,500	0,015	0,019	1[illegible],74	9,880	0,084	0,234	0,009			70,15
C 45	0,406	0,193	0,858	0,011	0,023	0,136	0,128	0,343	0,033	0,001	0,000	0,011	97,86

Aluminiumwerkstoffe:

Werkstoffbez.	Cu	Pb	Fe	Zn	Mn	Mg	Si	Cr	Ti	Ni		Al
AlMgSi 0,5	0,045	-	0,230	0,080	0,020	0,450	0,570	0,010	0,010	-		98,59
Al 99,5	0,010	0,001	0,299	0,021	0,011	0,007	0,140	0,001	0,014	0,002		99,49

Tabelle A1: Chemische Zusammensetzung der untersuchten Stahl- und Aluminiumwerkstoffe

Magnesium:

Werkstoffbez.	Cu	Fe	Zn	Mn	Al	Si	Ni	Mg
Mg 99,8	0,002	0,030	-	0,025	-	-	-	99,94
Az 31 MgAlZn 3	0,001	0,002	0,840	0,540	3,0	0,010	0,001	95,61

Titan:

Werkstoffbez.	Fe	O_2	N_2	C	H_2		Ti
Ti 99,5	0,050	0,060	0,010	0,010	0,001		99,87

Tabelle A2: Chemische Zusammensetzung von Magnesium und Titan.

Werkstoffbez.	$R_{p0,2}$ N/mm²	R_m N/mm²	A_g %	A_{10} %	Z %
Ck 15	301,2	468,9	25,2	32,7	64,0
16 MnCr 5	293,0	490,0	22,0	36,0	71,0
CuZn 37	96,2	979,6	58,0	62,2	76,3
Cu	245,1	257,6	18,6	26,4	65,2
X5 CrNi 18 9	342,0	734,0	54,9	61,4	62,3
Mg 99,8 quer	42,0	137,6	9,1	13,0	14,5
Mg 99,8 längs	134,0	217,9	5,63	7,0	9,2
MgAlZn 3	221,6	261,0	11,9	12,8	21,6
Ti 99,5	215,2	371,7	44,1	63,8	82,0
Zn 99,8	46,7	105,6	15,05	28,4	31,3

Tabelle A3: Mechanische Eigenschaften der Werkstoffe im Zugversuch.

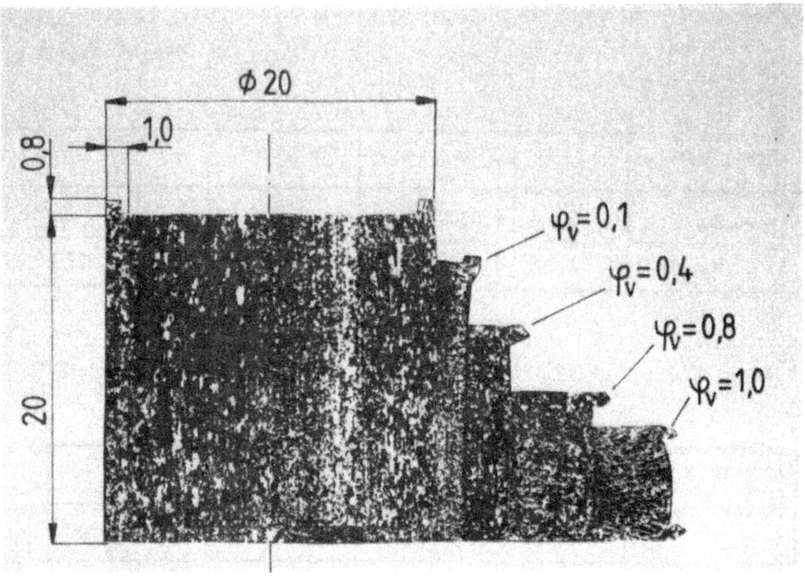

Bild A1: Verformungen des Wulstes beim Stauchen einer Rastegaev-Probe aus AlMgSi 0,5.

Bild A2: Homogen gestauchte Rastegaev-Probe aus Ck 15 bei φ_v = 1,0 (h_0- 2·t_0 = 20,0 mm; d_0 = 20,0 mm; u_0 = 2,0 mm; t_0 = 0,15 mm).

Bild A3: Stauchproben aus Mg 99,8 - a Ausgangszustand; b φ_V = 0,12; ψ = 90°; c φ_V = 0,12; ψ = 0°.

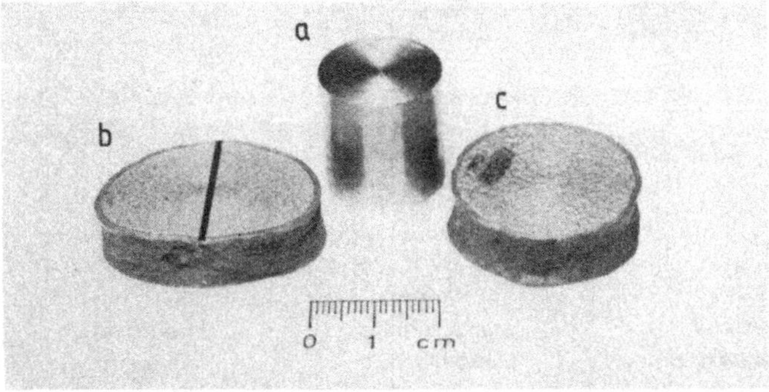

Bild A4: Stauchproben aus Zn 99,98 - a Ausgangszustand; b φ_V = 0,8; ψ = 90°; c φ_V = 0,8; ψ = 0°.

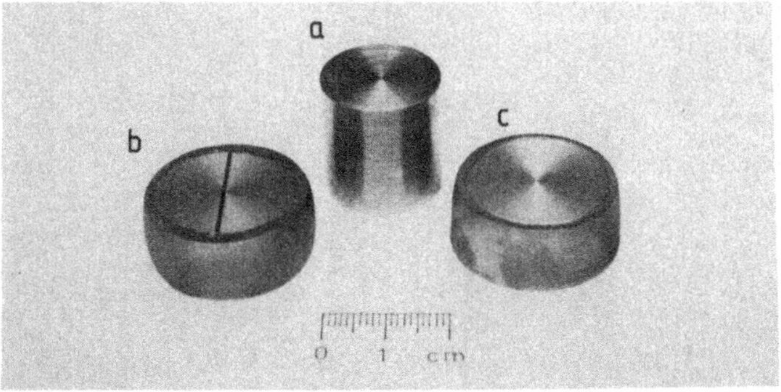

Bild A5: Stauchproben aus Ti 99,5 - a Ausgangszustand; b φ_V = 0,7; ψ = 90°; c φ_V = 0,7; ψ = 0°.

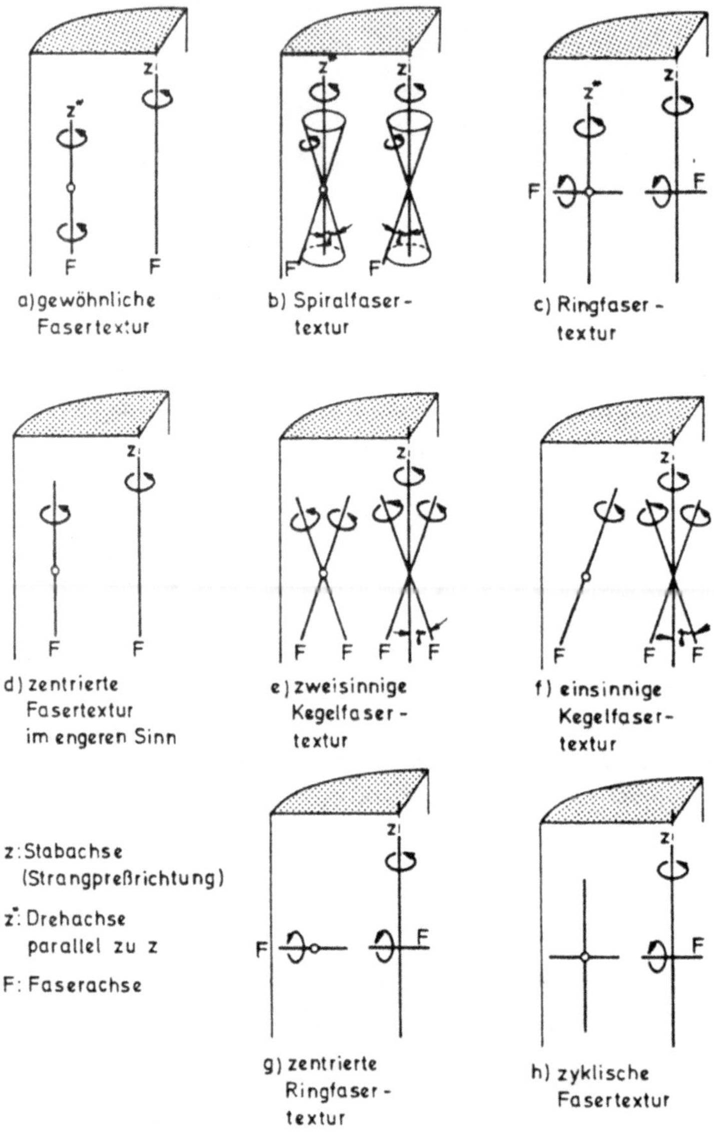

Bild A6: Schema zur Einteilung von Fasertexturen nach [77].

Berichte aus dem Institut für Umformtechnik der Universität Stuttgart

Herausgeber: Professor em. Dr.-Ing. Dr. h.c. Kurt Lange

1 **Untersuchung uber den Einfluß der Belastungszeit auf die Streuung der Rückfederung von Biegeteilen**
Von Dipl.-Ing. Klaus Tafel. 70 Seiten Text u. 64 Seiten mit 49 Bildern u. 15 Tafeln. Vergriffen

2/3 **Untersuchungen über das freie Napfen**
Von Dipl.-Ing. Gerhard Schmitt und Dipl.-Ing. Dieter Schmoeckel.
Untersuchungen über den Kraft- und Arbeitsbedarf sowie den Umformwirkungsgrad beim Vorwärts-Vollfließpressen von Stahl
Von Dipl.-Ing. Dieter Kast. 40 Seiten Text u. 43 Seiten mit 47 Bildern u. 5 Tafeln. 28,— DM

4 **Untersuchungen über die Werkzeuggestaltung beim Vorwärts-Hohlfließpressen von Stahl und Nichteisenmetallen**
Von Dipl.-Ing. Dieter Schmoeckel. 72 Seiten Text u. 117 Seiten mit 179 Bildern. 39,— DM

5 **Untersuchungen über das Stauchen und Zapfenpressen**
Von Dipl.-Ing. Märten Burgdorf. 126 Seiten Text u. 58 Seiten mit 138 Bildern u. 4 Tafeln. 55,— DM

6 **Untersuchungen über die Streuung der Kräfte und Arbeiten beim Fließpressen in der laufenden Fertigung und den Einfluß der Phosphatschichtdicke und des Schmiermittels**
Von Dipl.-Ing. Hans-Dietrich Witte. 38 Seiten Text u. 48 Seiten mit 49 Bildern. 30,— DM

7 **Untersuchungen über das Rückwärts-Napffließpressen von Stahl bei Raumtemperatur**
Von Dipl.-Ing. Gerhard Schmitt. 132 Seiten Text u. 93 Seiten mit 130 Bildern u. 5 Tafeln. 34,— DM

8 **Die Abbildegenauigkeit beim Biegen im 90°-V-Gesenk und ihre Beeinflussung durch Nachdrücken im Gesenk**
Von Dipl.-Ing. Eckart Dannenmann. 50 Seiten Text u. 31 Seiten mit 28 Bildern u. 1 Tafel. Vergriffen

9 **Untersuchungen über den Zusammenhang zwischen Vickershärte und Vergleichsformänderung bei Kaltumformvorgängen**
Von Dipl.-Ing. Hans Wilhelm. 50 Seiten Text u. 35 Seiten mit 37 Bildern u. 2 Tafeln. Vergriffen

10 **Untersuchungen über das Abstreckziehen von zylindrischen Hohlkörpern bei Raumtemperatur**
Von Dipl.-Ing. Rolf K. Busch. 86 Seiten Text u. 92 Seiten mit 97 Bildern. Vergriffen

11 **Vorgänge beim elektromagnetischen und elektrohydraulischen Umformen von metallischen Werkstücken**
Von Dipl.-Ing. Herbert Müller. 90 Seiten Text u. 110 Seiten mit 93 Bildern u. 10 Tafeln. 22,— DM

12 **Ein Verfahren zur näherungsweisen Berechnung des Spannungs- und Formänderungszustandes beim Fließen starrplastischer Werkstoffe**
Von Dipl.-Ing. Gerhard Adler. 124 Seiten Text u. 76 Seiten mit 72 Bildern. Vergriffen

13 **Modellgesetzmäßigkeiten beim Rückwärtsfließpressen geometrisch ähnlicher Näpfe**
Von Dipl.-Ing. Dieter Kast. 101 Seiten Text u. 73 Seiten mit 60 Bildern u. 6 Tafeln. Vergriffen

14 **Untersuchungen über das Genauschneiden von Stahl und Nichteisenmetallen**
Von Dipl.-Ing. Wilfried Krämer. 96 Seiten Text u. 132 Seiten mit 128 Bildern u. 10 Tafeln. Vergriffen

15 **Entwicklung und Erprobung eines Simulators zur reproduzierbaren Nachahmung der Kraft-Weg-Verläufe von Umformvorgängen**
Von Dipl.-Ing. Kurt Schmid. 88 Seiten Text u. 38 Seiten mit 35 Bildern u. 2 Tafeln. 17,— DM

16 **Walzrichten von Metallbändern mit symmetrisch angestellter Fünf-Walzen-Richtmaschine**
Von Dipl.-Ing. Hans-Dietrich Witte. 108 Seiten Text u. 63 Seiten mit 60 Bildern u. 8 Tafeln. 22,— DM

17/18 **Erzeugung räumlicher Blechgebilde mittels Flächenbiegung**
Konstruktion, Abwicklung und Herstellung von Schraubtorsen aus Blech
Von Prof. Dr.-Ing. E. h. Dr. techn. h. c. Otto Kienzle.
120 Seiten Text u. 55 Seiten mit 86 Bildern u. 3 Tafeln. 22,— DM

19 **Einfluß der Alterung auf die mechanischen Eigenschaften von Stählen zum Kaltfließpressen**
Von Dipl.-Ing. Vladimir Hasek, CSc. 43 Seiten Text u. 54 Seiten mit 50 Bildern u. 3 Tafeln. 16,— DM

20 **Beitrag zur Frage der Spannungen, Formänderungen und Temperaturen beim axialsymmetrischen Strangpressen**
Von Dipl.-Ing. Rolf Dalheimer. 118 Seiten Text u. 76 Seiten mit 79 Bildern u. 3 Tafeln. Vergriffen

21 **Über den Einfluß der Werkzeuggeschwindigkeit auf den Stauchvorgang**
Von Dipl.-Ing. H.-J. Metzler. 127 Seiten Text u. 100 Seiten mit 94 Bildern u. 6 Tafeln. 25,— DM

22 **Numerische Behandlung von Verfahren der Umformtechnik**
Von Dr.-Ing. Elmar Steck. 67 Seiten Text u. 22 Seiten mit 43 Bildern. 16,— DM

23 **Ein Verfahren zur näherungsweisen Berechnung der Wärmeentwicklung und der Temperaturverteilung beim Kaltstauchen von Metallen**
Von Dipl.-Ing. Walther Pohl. 78 Seiten Text u. 51 Seiten mit 61 Bildern u. 4 Tafeln. 21,— DM

24 **Untersuchungen über das Drückwalzen zylindrischer Hohlkörper und Beitrag zur Berechnung der gedrückten Fläche und der Kräfte**
Von Dipl.-Ing. Hans-Jurgen Dreikandt. 161 Seiten Text u. 79 Seiten mit 73 Bildern u. 6 Tafeln. Vergriffen

25 **Über den Formänderungs- und Spannungszustand beim Ziehen von großen unregelmäßigen Blechteilen**
Von Dipl.-Ing. Vladimir Hasek, CSc. 129 Seiten Text u. 106 Seiten mit 109 Bildern u. 9 Tafeln. 35,— DM

26 **Über die Anisotropie des plastischen Verhaltens stranggepreßter Stäbe aus hexagonalen Metallen**
Von Dipl.-Ing. Gunther Schroder. 129 Seiten Text u. 75 Seiten mit 97 Bildern u. 2 Tafeln. Vergriffen

27 **Die Messung der mechanischen Kontaktspannung in der Wirkfuge Werkzeug — Werkstück bei Umformverfahren**
Von Dipl.-Ing. Fritz Dohmann. 99 Seiten Text u. 82 Seiten mit 93 Bildern u. 4 Tafeln. Vergriffen

28 **Beitrag zur rechnerunterstützten Auslegung von Pressengestellen**
Von Dipl.-Ing. Manfred Geiger. 94 Seiten u. 56 Seiten mit 63 Bildern. — Vergriffen

29 **Untersuchungen über das Aufweittiefziehen**
Von P. S. Raghupathi, M. E. ISBN 3-7736-0780-6
80 Seiten Text u. 54 Seiten mit 73 Bildern u. 2 Tafeln. — 32.– DM

30 **Faltenbildung als Verfahrensgrenze beim Stauchen von Hohlkörpern**
Von Dipl.-Ing. Klaus Dieterle. ISBN 3-7736-0781-4
55 Seiten Text u. 35 Seiten mit 43 Bildern u. 3 Tafeln. — 28.– DM

31 **Beitrag zur Ermittlung von Fließkurven im kontinuierlichen hydraulischen Tiefungsversuch**
Von Dipl.-Ing. Franc Gologranc. ISBN 3-7736-0785-7
125 Seiten Text u. 58 Seiten mit 95 Bildern u. 6 Tafeln. — Vergriffen

32 **Untersuchungen an Strangpreßmatrizen**
Von Dipl.-Ing. Klaus Gieselberg. ISBN 3-7736-0786-5
101 Seiten Text u. 56 Seiten mit 69 Bildern. — 45.– DM

33 **Beitrag zur Messung der Strangoberflächentemperatur beim Strangpressen**
Von Dipl.-Ing. Karl-Heinz Friedrich. ISBN 3-7736-0787-3
83 Seiten Text u. 90 Seiten mit 84 Bildern u. 3 Tafeln. — 48.– DM

34 **Über das Umformverhalten von Blechen aus Titan und Titanlegierungen**
Von Dipl.-Ing. Hans Wilhelm. ISBN 3-7736-0788-1
107 Seiten Text u. 69 Seiten mit 76 Bildern u. 13 Tafeln. — Vergriffen

35 **Untersuchung der magnetischen Induktion. Stromdichte und Kraftwirkung bei der Magnetumformung**
Von Dipl.-Ing. Volker Schmidt. ISBN 3-7736-0789-X
60 Seiten Text u. 53 Seiten mit 84 Bildern. — 21.– DM

36 **Der Stofffluß beim kombinierten Napffließpressen**
Von Dipl.-Ing. Rolf Geiger. ISBN 3-7736-0790-3
111 Seiten Text u. 74 Seiten mit 80 Bildern u. 6 Tafeln. — Vergriffen

37 **Beitrag zum Verhalten superplastischer Werkstoffe beim Massivumformen**
Von Dipl.-Ing. Hans Schelosky. ISBN 3-7736-0791-1
123 Seiten Text u. 61 Seiten mit 60 Bildern u. 4 Tafeln. — Vergriffen

38 **Energieumsatz beim elektrohydraulischen Umformen**
Von Dipl.-Ing. Hans-Joachim Weckerle. ISBN 3-7736-0792-X.
103 Seiten Text u. 46 Seiten mit 56 Bildern. — 45.– DM

39 **Elastische Wechselwirkungen an Gestell und Hauptgetriebe weggebundener Pressen**
Von Dipl.-Ing. Lutz Schemperg. ISBN 3-7736-0793-8.
91 Seiten Text u. 58 Seiten mit 65 Bildern u. 3 Tafeln. — 45.– DM

40 **Über das plastische Verhalten von Sintermetallen bei Raumtemperatur**
Von Dipl.-Ing. Hartmut Höneß. ISBN 3-7736-0794-6.
84 Seiten Text u. 54 Seiten mit 67 Bildern u. 2 Tafeln. — Vergriffen

41 **Untersuchungen zum Halbwarmfließpressen von Stahl**
Von Dr.-Ing. Rolf Geiger, Dipl.-Ing. Eckart Dannenmann und Dipl.-Ing. Jean Stefanakis.
ISBN 37736-0795-4. 50 Seiten Text u. 33 Seiten mit 34 Bildern u. 2 Tafeln. — Vergriffen

42 **Änderung der Werkstoffeigenschaften beim Ziehen von zylindrischen Hohlkörpern aus austenitischen und ferritischen nichtrostenden Stählen**
Von Dipl.-Ing. Rolf Zeller. ISBN 3-7736-0796-2.
80 Seiten Text u. 52 Seiten mit 34 Bildern u. 2 Tafeln. — Vergriffen

43 **Untersuchungen über das Fließpressen superplastischer Werkstoffe**
Von Dr.-Ing. Hans Schelosky. ISBN 3-7736-0797-0.
36 Seiten Text u. 24 Seiten mit 26 Bildern u. 1 Tafel. — Vergriffen

44 **Umformende Bearbeitung in flexiblen Fertigungssystemen**
Von Dipl.-Ing. Hartmut Kaiser. ISBN 3-7736-0798-9.
87 Seiten Text u. 24 Seiten mit 47 Bildern. — 36.– DM

45 **Geometrische Eigenschaften tiefgezogener kreiszylindrischer Näpfe**
Von Dipl.-Ing. Dieter Schlosser. ISBN 3-7736-0799-7.
107 Seiten Text u. 64 Seiten mit 60 Bildern u. 9 Tafeln. — 48.– DM

46 **Die Eigenschaften einer AlZnMgCu-Legierung nach ausgewählten Kombinationen von Wärmebehandlung und Kaltumformung**
Von Dipl.-Ing. Karl Hankele. ISBN 3-7736-0880-2.
86 Seiten Text u. 51 Seiten mit 52 Bildern u. 4 Tafeln. — 45.– DM

47 **Kaltmassivumformen von Sintermetall**
Von Dipl.-Ing. Hans Dieter Schacher. ISBN 3-7736-0881-0.
84 Seiten Text u. 44 Seiten mit 47 Bildern u. 5 Tafeln. — 42.– DM

48 **Rechnerunterstützte Arbeitsplanerstellung und Kostenrechnung beim Kaltmassivumformen von Stahl**
Von Dipl.-Ing. Peter Noack. ISBN 3-7736-0882-9.
216 Seiten Text u. 116 Seiten mit 134 Bildern u. 23 Tafeln. — 65.– DM

49 **Beitrag zur beanspruchungsgerechten Auslegung von rotationssymmetrischen Fließpreßmatrizen**
Von Dipl.-Ing. Gunther Kramer. ISBN 3-7736-0883-7.
94 Seiten Text u. 53 Seiten mit 56 Bildern. — Vergriffen

50 **Erzeugung gratfreier Schnittflächen durch Aufteilen des Schneidvorgangs (Konterschneiden)**
Von Dipl.-Ing. Heinz Liebing. ISBN 3-7736-0884-5.
87 Seiten Text u. 51 Seiten mit 55 Bildern u. 4 Tafeln. — 46.– DM

51 **Berechnung der elastischen Eigenschaften von Baugruppen im Pressenbau**
Von Dipl.-Ing. Herbert Blum ISBN 3-540-09804-6.
151 Seiten mit 55 Abbildungen. — **Vergriffen**

52 **Untersuchung der Verfahrensgrenzen beim 180°-Biegen von Fein- und Mittelblechen**
Von Dipl.-Phys. Wolfgang Schaub. ISBN 3-540-09881-X.
65 Seiten mit 24 Abbildungen. 38,– DM

53 **Abstreckgleitziehen von nichtrostenden austenitischen Stählen**
Von Dipl.-Ing. Jobst-H. Kerspe. ISBN 3-540-09882-8.
109 Seiten mit 36 Abbildungen. 43,– DM

54 **Fließpressen von Stahl im Temperaturbereich 773 K (500°C) bis 1073 K (800°C)**
Von Dipl.-Ing. Ulrich Diether. ISBN 3-540-09959-X.
165 Seiten mit 80 Abbildungen. 48,– DM

55 **Die numerisch gesteuerte Radial-Umformmaschine und ihr Einsatz im Rahmen einer flexiblen Fertigung**
Von Dipl.-Ing. Peter Metzger. ISBN 3-540-10073-3.
158 Seiten mit 65 Abbildungen. 43,– DM

56 **Möglichkeiten zur Steuerung des Stoffflusses beim Ziehen großer unregelmäßiger Blechteile**
Von Dr.-Ing. Vladimir V. Hasek. ISBN 3-540-10074-1.
193 Seiten mit 96 Abbildungen. 48,– DM

57 **Beitrag zur Arbeitsgenauigkeit des Kaltmassivumformens**
Von Dipl.-Ing. Herbert Leykamm. ISBN 3-540-10363-5.
165 Seiten mit 84 Abbildungen und 5 Tabellen.. 48,– DM

58 **Untersuchungen über das Verjüngen von zylindrischen Vollkörpern**
Von Dipl.-Ing. Helmut Binder. ISBN 3-540-10466-6.
146 Seiten mit 50 Abbildungen und 3 Tabellen. 43,– DM

59 **Umformverhalten legierter Sintereisen**
Von Dipl.-Ing. Manfred Stilz. ISBN 3-540-11051-8.
170 Seiten mit 75 Abbildungen und 5 Tabellen. 48,– DM

60 **Interaktives Programmsystem zur Erstellung von Fertigungsunterlagen für die Kaltmassivumformung**
Von Dipl.-Ing. Michael Rebholz. ISBN 3-540-11052-6.
121 Seiten mit 46 Abbildungen. 43,– DM

61 **Beitrag zum Ziehen von Blechteilen aus Aluminiumlegierungen**
Von Dipl.-Ing. Michael Blaich. ISBN 3-540-11067-4.
141 Seiten mit 64 Abbildungen und 5 Tabellen. 43,– DM

62 **Auslegung von rotationssymmetrischen Fließpreßwerkzeugen im Bereich elastisch-plastischen Werkstoffverhaltens**
Von Dipl.-Ing. Thomas Neitzert. ISBN 3-540-11623-0.
159 Seiten mit 51 Abbildungen. 53,– DM

63 **Fließpressen von Sintermetall im Temperaturbereich zwischen 873 K (600°C) und 1173 K (900°C)**
Von Dipl.-Ing. Wolfgang Schaub. ISBN 3-540-11678-8.
160 Seiten mit 85 Abbildungen und 9 Tabellen. 53,– DM

64 **Rechnerunterstützte Konstruktion von Umformwerkzeugen und die Fertigungsplanung von Werkzeugelementen**
Von Dipl.-Ing. Dieter Steuss. ISBN 3-540-11856-X.
178 Seiten mit 87 Abbildungen und 6 Tabellen. 53,– DM

65 **Möglichkeiten und Grenzen des Kaltgesenkschmiedens als eine fertigungstechnische Alternative für kleine, genaue Formteile**
Von Dipl.-Ing. Khang Hoang-Vu. ISBN 3-540-11876-4.
156 Seiten mit 62 Abbildungen und 5 Tabellen. 53,– DM

66 **Einsatz numerischer Näherungsverfahren bei der Berechnung von Verfahren der Kaltmassivumformung.**
Von Dipl.-Ing. Karl Roll. ISBN 3-540-11910-8.
166 Seiten mit 49 Abbildungen und 2 Tabellen. 53,– DM

67 **Untersuchung über das Verjüngen von dickwandigen, zylindrischen Hohlkörpern**
Von Dipl.-Ing. Knut Haarscheidt. ISBN 3-540-12229-X.
124 Seiten mit 58 Abbildungen und 6 Tabellen. Vergriffen

68 **Rechnerunterstützte Optimierung des Tiefziehens unregelmäßiger Blechteile**
Von Dipl.-Ing. Hans Glöckl. ISBN 3-540-12522-1.
143 Seiten mit 60 Abbildungen. Vergriffen

69 **Hydrostatisches Fließpressen: Verfahrensparameter und Werkstückeigenschaften**
Von Dipl.-Ing. Jobst H. Kerspe. ISBN 3-540-12537-X.
123 Seiten mit 69 Abbildungen und 5 Tabellen. 58,– DM

70 **Untersuchungen zum Halbwarmfließpressen von Automatenstählen**
Von Dipl.-Ing. Eberhard Nehl. ISBN 3-540-12568-X.
145 Seiten mit 104 Abbildungen. 58,– DM

71 **Entwicklung und Anwendung neuer Schmierstoffprüfverfahren für die Kaltmassivumformung**
Von Dipl.-Ing. Thomas Gräbener. ISBN 3-540-12836-0.
140 Seiten mit 65 Abbildungen. 58,– DM

72 **Einfluß der Blechoberfläche beim Ziehen von Blechteilen aus Aluminiumlegierungen**
Von Dipl.-Ing. Erhard Mössle. ISBN 3-540-12837-9.
142 Seiten mit 62 Abbildungen und 6 Tabellen. 58,– DM

73 **Werkzeugverschleiß in der Massivumformung**
Von Dipl.-Ing. Matthias Weiergräber. ISBN 3-540-13033-0.
72 Seiten mit 36 Abbildungen und 2 Tabellen. 58,– DM

74 **Grundlagen der Umformtechnik I · Fundamentals of Metal Forming Technique I**
298 Seiten. ISBN 3-540-13039-X. 58,– DM

75 **Grundlagen der Umformtechnik II · Fundamentals of Metal Forming Technique II**
280 Seiten. ISBN 3-540-13040-3. 58,– DM

76 **Herstellung und Versteifungswirkung von geschlossenen Halbrundsicken**
Von Dipl.-Ing. Michael Widmann. ISBN 3-540-13172-8.
150 Seiten mit 63 Abbildungen. 63,– DM

77 **Kostenoptimierter Einsatz der Radialumformmaschine in gemischten, flexiblen Fertigungssystemen**
Von Dipl.-Ing. Michael Dostal. ISBN 3-540-13286-4.
121 Seiten mit 61 Abbildungen. 63,– DM

78 **Rechnerische Ermittlung von Zustandsgrößen beim Radialumformen**
Von Dipl.-Ing. Roland Paukert. ISBN 3-540-13287-2.
131 Seiten mit 57 Abbildungen und 1 Tabelle. 63,– DM

79 **Numerische Steuerung einer flexiblen Bearbeitungseinheit zum Radialumformen**
Von Dipl.-Ing. Helmut Noller. ISBN 3-540-13550-2.
120 Seiten mit 41 Abbildungen und 2 Tabellen. 63.– DM

80 **Vergleichende Betrachtung der Verfahren zur Prüfung der plastischen Eigenschaften metallischer Werkstoffe**
Von Dr.-Ing. Klaus Pöhlandt. ISBN 3-540-13578-2.
178 Seiten mit 43 Abbildungen und 11 Tabellen. 63,– DM

81 **Aufweitung von Fließpreßmatrizen mit überlagerter thermischer und mechanischer Beanspruchung**
Von Dipl.-Ing. Ewald Kling. ISBN 3-540-15755-7.
139 Seiten mit 61 Abbildungen und 1 Tabelle. 63,– DM

82 **Messung des Werkzeugverschleißes bei der Kalt- und Halbwarmumformung mit Radionukliden**
Von Dipl.-Ing. Eberhard Nehl. ISBN 3-540-16497-9.
131 Seiten mit 55 Abbildungen und 11 Tabellen. 68,– DM

83 **Ermittlung von Eigenspannungen in der Kaltmassivumformung**
Von A. Erman Tekkaya. ISBN 3-540-16498-7.
162 Seiten mit 60 Abbildungen und 2 Tabellen. 68,– DM

84 **Korrosionsbeständigkeit tiefgezogener rotationssymmetrischer Werkstücke aus austenitischen Stählen**
Von Dipl.-Ing. Matthias Weiergräber. ISBN 3-540-16560-6.
137 Seiten mit 63 Abbildungen und 4 Tabellen. 68.– DM

85 **Simulation of Metal Forming Processes by the Finite Element Method (SIMOP-I)**
Workshop Stuttgart 1985. ISBN 3-540-16592-4.
316 Seiten mit 147 Abbildungen und 3 Tabellen. 68,– DM

86 **Beanspruchung von Napf-Rückwärts-Fließpreßmatrizen aus Keramik infolge mechanischer Belastung und Temperatureinwirkung**
Von Dipl.-Ing. Winfried Nester. ISBN 3-540-16845-1.
148 Seiten mit 66 Abbildungen und 2 Tabellen. 68,– DM

87 **Einfluß von Oberflächenbeschichtungen auf den Werkzeugverschleiß bei der Massivumformung**
Von Dipl.-Ing. Harald Westheide. ISBN 3-540-16846-X.
146 Seiten mit 84 Abbildungen und 9 Tabellen. 68,– DM

88 **Hydrostatisches Fließpressen von Profilen unter Verwendung von Matrizen mit stetigem Übergang**
Von Dipl.-Ing. Suwandi Sugondo. ISBN 3-540-16847-8.
130 Seiten mit 59 Abbildungen und 7 Tabellen. 68,– DM

89 **Untersuchungen über das kombinierte Quer-Napf-Vorwärts-Fließpressen**
Von Dipl.-Ing. Walter Osen. ISBN 3-540-17349-8.
153 Seiten mit 66 Abbildungen. 68,– DM

90 **Werkstoff und Umformung**
1. Workshop Stuttgart, 1986. ISBN 3-540-17370-6.
224 Seiten. 68,– DM

91 **Beanspruchungsgerechte Auslegung von Fließpreßwerkzeugen mit numerischen Berechnungsmethoden**
Von Dipl.-Ing. Vu The Cuong. ISBN 3-540-17472-9.
169 Seiten mit 80 Abbildungen und 12 Tabellen. 68,– DM

92 **Der Kerbzugversuch als Einfachprüfverfahren für das richtungsabhängige Umformvermögen von Blechwerkstoffen**
Von Dipl.-Phys. Christian Weist. ISBN 3-540-17666-7.
96 Seiten mit 48 Abbildungen und 5 Tabellen. 68,– DM

93 **Querfließpressen eines Flansches oder Bundes an zylindrischen Vollkörpern aus Stahl**
Von Dipl.-Ing. Winfried Schätzle. ISBN 3-540-17929-1.
129 Seiten mit 67 Abbildungen und 3 Tabellen. 68,– DM

94 **Untersuchung des Werkzeugbruches beim Voll-Vorwärts-Fließpressen**
Von Dipl.-Ing. Willi Reiss. ISBN 3-540-18376-0.
159 Seiten mit 69 Abbildungen und 3 Tabellen. 68,– DM

95 **Grundlagen für das Kaltwalzen von Voll- und Hohlkörpern nach dem Grob-Verfahren**
Von Dipl.-Ing. Norbert Kurz. ISBN 3-540-18509-7.
163 Seiten mit 72 Abbildungen und 5 Tabellen. 68,– DM

96 **Rechnergestützte Fertigung von Sonderprofilen auf der Radialumformmaschine**
Von Dipl.-Ing. Andreas Wöhr. ISBN 3-540-19161-5.
141 Seiten mit 80 Abbildungen. 73,– DM

97 **Optimierung der Oberflächenmikrogeometrie von Aluminiumfeinblech für das Karosserieziehen**
Von Dipl.-Ing. Rainer Balbach. ISBN 3-540-50168-1.
161 Seiten mit 86 Abbildungen. 73,– DM

98 **Ermüdungsverhalten von massivumgeformten bauteilähnlichen Proben aus Stahl**
Von Dipl.-Ing. Wolfgang Schwab. ISBN 3-540-50805-8.
142 Seiten mit 81 Abbildungen und 3 Tabellen. 73,– DM

99 **Optimaler Energieeinsatz bei der Fertigung durch Massivumformung**
Von Dipl.-Ing. Thomas Herlan. ISBN 3-540-50876-7.
204 Seiten mit 63 Abbildungen und 3 Tabellen. 73,– DM

100 **Ermittlung der Fließkurven von Feinblechen im ebenen Torsionsversuch**
Von Dipl.-Ing. Michael Bauer. ISBN 3-540-51117-2.
210 Seiten mit 76 Abbildungen und 7 Tabellen. 73,– DM

101 **Numerische Simulation dreidimensionaler Umformvorgänge mit Einbezug des Temperaturverhaltens**
Von Dipl.-Ing. Jürgen Gerhardt. ISBN 3-540-51331-0.
148 Seiten mit 59 Abbildungen und 2 Tabellen. 73,– DM

102 **Interaktives rechnergestütztes System zur Konstruktion von Werkzeugen für die Kalt-Massivumformung**
Von Dipl.-Ing. Frank D. Ilzig. ISBN 3-540-51492-9.
134 Seiten mit 69 Abbildungen. 73,– DM

103 **Werkzeugverformungen beim Strangpressen und ihre Auswirkungen auf die Produktgenauigkeit**
Von Rolf Bulander. ISBN 3-540-51586-0.
165 Seiten mit 66 Abbildungen und 5 Tabellen. 73,– DM

104 **Prüfung des Einflusses von Schmierstoffadditiven auf das Tribosystem bei der Kaltmassivumformung**
Von Dipl.-Ing. Uwe Horlacher. ISBN 3-540-52176-3.
161 Seiten mit 70 Abbildungen und 5 Tabellen. 73,– DM

105 **Rechnerunterstützte Konstruktion von rotationssymmetrischen Schmiedeteilen und Warmfließpreßwerkzeugen**
Von Ekkehard Körner. ISBN 3-540-52635-8.
190 Seiten mit 85 Abbildungen und 7 Faltseiten. 78,– DM

106 **Einflußgrößen auf den Werkzeugbruch beim Voll-Vorwärts-Fließpressen**
Von Arndt Hettig. ISBN 3-540-52816-4.
161 Seiten mit 71 Abbildungen und 7 Tabellen. 78,– DM

107 **Weiterentwicklung des Torsionsversuches in Theorie und Praxis**
Von Andreas Gräber. ISBN 3-540-52817-2.
154 Seiten mit 65 Abbildungen und 4 Tabellen. 78,– DM

108 **Beitrag zur Optimierung der Fertigungsfolge Kaltmassivumformen und Spanen**
Von Hans-Joachim Keller. ISBN 3-540-52883-0.
165 Seiten mit 75 Abbildungen und 5 Tabellen. 78,– DM

109 **Ermittlung der Fließkurven und der Anisotropie-Eigenschaften metallischer Werkstoffe im Rastegaev-Stauchversuch**
Von Thomas Friedrich Oberländer. ISBN 3-540-53154-8.
174 Seiten mit 91 Abbildungen und 9 Tabellen. 78,– DM

Die Bände sind im Erscheinungsjahr und in den folgenden drei Kalenderjahren zu beziehen durch den örtlichen Buchhandel oder durch Lange & Springer, Otto-Suhr-Allee 26-28, 1000 Berlin 10.